环境监测野外安全工作指南

王晓飞 伍 毅 洪 欣 编著

中国环境出版集团·北京

图书在版编目（CIP）数据

环境监测野外安全工作指南/王晓飞，伍毅，洪欣编著. —
北京：中国环境出版集团，2019.11
ISBN 978-7-5111-4231-3

Ⅰ. ①环…　Ⅱ. ①王…②伍…③洪…　Ⅲ. ①野外作业
－环境监测－指南　Ⅳ. ①X83-62

中国版本图书馆 CIP 数据核字（2019）第 292805 号

出 版 人	武德凯	
责任编辑	张　倩	
责任校对	任　丽	
封面设计	彭　杉	

出版发行　**中国环境出版集团**
（100062　北京市东城区广渠门内大街 16 号）
网　　　址：http://www.cesp.com.cn
电子邮箱：bjgl@cesp.com.cn
联系电话：010-67112765（编辑管理部）
发行热线：010-67125803，010-67113405（传真）

印　　刷	北京中科印刷有限公司	
经　　销	各地新华书店	
版　　次	2019 年 11 月第 1 版	
印　　次	2019 年 11 月第 1 次印刷	
开　　本	787×1092　1/16	
印　　张	8	
字　　数	150 千字	
定　　价	42.00 元	

《环境监测野外安全工作指南》
编著委员会

领导小组 陈 蓓 邓敏军 黎 宁 李丽和

主　编 王晓飞

副主编 伍 毅 洪 欣

编写人员 梁晓曦 何 宇 陈春霏 卢 秋 梁 鹏 蓝月存

李 方 张立伟 喻 浈 李 霖 张东慧

前　言

　　环境监测是环境保护工作中一项不可缺少的基础性工作，也是环境质量研究的最基础工作之一。环境监测复杂多样，要"上天、下地、入海"，野外工作必不可少。野外生存技术在监测人员的实际工作中显得尤为重要，也是每一位环境监测工作者必须掌握和具备的技能。为进一步加强环境质量、环境管理和环境执法等工作，科学地开展野外环境监测工作，促进我国生态环境保护事业又好又快地发展，我们将环境监测野外工作的经验知识、技术技巧、应急对策归纳编辑成册，介绍给读者，以便环境监测工作者在今后的野外工作中积极应对，避险就安。

　　本书主要从环境监测工作概述、野外工作的准备、技能、安全、急救几个方面介绍了环境监测工作者从事野外工作时需具备的技能，分享了我与同事们多年野外工作的经验、知识和技巧，期望这本书会对从事环境监测工作的同行们有所帮助。

　　本书是集体努力的成果。参加编写的人员有：第一章，洪欣、王晓飞；第二章，王晓飞、何宇、张立伟；第三章，王晓飞、梁鹏、何宇、张东慧；第四章，王晓飞、陈春霏；第五章，王晓飞、梁晓曦、张东慧、李方。王晓飞、洪欣、卢秋负责统稿。感谢广西土壤污染与生态修复人才小高地、广西自然科学基金重大项目"基于矿业镉、砷污染农田安全利用的生态修复研究"（2015GXNSFEA139001）、生态环境部公益性行业专项"重点防控重金属关键先进技术适用性研究"（201309050）及广西突发污染事故应急监测技术研究特聘专家对本书相关研究内容的支持。

　　限于时间仓促和作者水平有限，本书中疏漏和不足之处在所难免，敬请广大读者批评指正。另外，在本书的写作过程中，参阅了相关文献资料，引用了国内外专家学者撰写的书籍、论文等中的文字和图片资料，引述出处难免遗漏，请多谅解。

作　者

2019 年 3 月 6 日于南宁

目　录

第一章　环境监测工作概述

人类赖以生存的自然环境包括由土壤、空气、水、生物所组成的自然世界以及人类为了生存而建立的物质世界。人类用各种方式和方法改造着大自然，在不断改造的过程中，人类给自然环境造成了不可遏止的损害。进入 20 世纪以来，工业的发展、能源的开发和利用、原料和食品的消耗及人口的迅速增长，都步入历史性的转折时期。在人类的生产和生活活动中，自然环境如河流、海洋、空气、土壤及生物等均受到污染，这种污染在极大程度上已经超出了自然自净能力的极限，干扰了自然环境的固有平衡，形成了当今的社会问题之一——环境质量问题。

为达到了解环境质量，保护、管理和改良环境的目的，须对各种环境物质的形态、性质和含量进行有计划地调查研究和监测，以便得到明确认识，进而借助立法、行政、教育及技术等手段，有效地控制和减少环境污染。

环境监测是环境保护技术的重要组成部分。既为了解环境质量状况、评价环境质量提供信息，也为制定管理措施，建立各项环境保护法令、法规和条例提供客观的科学依据。在我国环境保护制度体系中，环境监测是环境管理的重要"抓手"。"十三五"期间，广大人民群众对改善环境质量的要求和呼声日益高涨，环境保护工作也呈现出新特征。在新的形势下，"以提高环境质量为核心"的环境保护目标要求环境监测由"以污染源监测为主"转向"以环境质量监测为主"，环境保护工作日趋严峻。

环境监测不仅包括环境质量监测（空气、水、土壤等）和污染源监测（对污染源和排污者行为的监测），还包括生态状况监测，例如宏观生态系统的类型和分布、生物多样性群落监测、生物个体以及生态影响类建设项目等。

第一节　土壤环境监测工作

　　土壤是环境特有的组成部分，其质量优劣直接影响人类的生产、生活和发展。近年来，人们对化肥、农药、污水（灌溉）等的不合理施用和固体废物的不合理贮存，使土壤污染加剧，土壤环境质量的下降和土壤生态系统的恶化导致土壤丧失了其作为永续性可再生资源的功能和作用，并直接影响人类的生存和可持续发展。

　　2016 年国务院印发的《土壤污染防治行动计划》（以下简称"土十条"），以 2020 年、2030 年、2050 年三个时间点为节点，明确要求到 2050 年，土壤环境质量全面改善，生态系统实现良性循环，明确提出完成土壤环境监测等技术规范制（修）订、形成土壤环境监测能力、建设土壤环境质量监测网络、深入开展土壤环境质量调查、定期对重点监管企业和工业园区周边开展监测等工作任务，标志着我国土壤监测进入实质性阶段。通过土壤环境监测工作，可以基本掌握我国土壤环境质量现状及变化趋势，查明重点地区的污染成因，进行重点地区土壤污染风险评价与环境安全性区划，完善国家土壤环境保护法律法规与标准体系，提出土壤污染防治技术政策。

　　土壤环境监测是对土壤中各种无机元素、有机物质及病原生物的背景含量、外源污染、迁移途径、质量状况等进行监测的过程。土壤环境监测按目的分类，主要有以下 5 种类型：①土壤环境质量监测：是对指定的有关项目进行定期的、长时间的监测，以确定环境质量及污染源状况、评价控制措施的效果，衡量环境标准实施情况和环境保护工作的进展，包括对污染源的监督监测。②土壤背景值监测：土壤背景值是指区域内在很少受（或基本不受）人类活动破坏与影响的情况下，土壤固有的化学组成和元素含量水平。就土壤背景值时间和空间来说，具有相对性和统计性，是代表一定环境单元统计量的特征值。土壤背景值监测则是以掌握土壤的自然本底值，为环境保护、环境区划、环境影响评价及制定土壤环境质量标准等提供依据为目的而进行的监测活动。③应急监测：是在发生污染事故时以分析主要污染物种类、污染来源、确定污染物扩散方向、速度和危及范围，为行政主管部门控制污染、制定正确的防控政策提供科学依据。④研究性监测：是针对特定目的的科学研究而进行的高层次的监测，例如，有毒有害物质对从业人员的影响研究，为监测工作本身所服务的科研工作（如统一方法、标准分析方法的研究、标准物质的研制等）的监测。这类研究往往要求多学科合作进行。⑤特定项目监测：主要包括仲裁监测、建设项目环境影响评价监测、项目竣工验收监测、咨询服务监测和考核验证监测等。

第二节　水环境监测工作

随着工业的发展、城市的扩大，各种工业废水、生活污水、农业灌溉弃水及其他废弃物排入水体，致使江、河、湖、水库以及地下水等受到污染，引起水质恶化。水质监测以充分合理地保护、利用和改善水资源，使其不受或少受污染为目标，以地表水（江河、湖泊、海洋、水库等）、地下水和工业废水、生活污水为监测工作的对象，检测水的质量是否符合国家规定的相应水环境质量标准，为控制水环境污染、保护水资源提供科学依据，以利于人类健康。

水环境监测按目的分类，主要有以下 3 种类型：①常规监测：包括环境质量监测和污染源监测。环境质量监测的任务是对指定水域的水质进行监测分析，为水域水质管理提供依据；污染源监测的任务是监测污染源排放浓度、排放强度、负荷总量及其时空变化情况，目的是为水质管理提供技术支持。②特例监测：是指对某一特定要求而开展的临时性检测。一般主要有污染事故监测、仲裁监测、考核验证监测和咨询服务监测等。污染事故监测主要针对突发性水污染事件，根据应急管理的要求开展实时监测，监测的内容包括水污染的程度、范围及其变化过程等；仲裁监测主要是为解决环保执法过程中发生的矛盾和纠纷以及水污染事件的索赔诉讼，为有关部门仲裁提供公正的监测数据；考核验证检测是为有关设施验收、环境评价、考核认证等方面而开展的检测工作；咨询服务检测是指为生产部门提供生产所需的监测资料而开展的咨询检测工作。③研究监测：是指作为有关科研课题的工作内容之一，为科学研究提供所需的水质监测数据和报告而展开的复杂的、高水平的监测工作。通常有污染普查、水质本底调查、高新监测技术的应用研究等形式。

第三节　大气环境监测工作

大气环境监测是对大气环境中污染物的浓度进行测定，观察、分析其变化和对环境产生的影响的过程，测定大气中污染物的种类及其浓度，观察其时空分布和变化规律。所监测的分子状污染物主要有硫氧化物、氮氧化物、一氧化碳、臭氧、卤代烃、碳氢化合物等；颗粒状污染物主要有降尘、总悬浮微粒、飘尘及酸沉降。大气质量监测是对某地区大气中的主要污染物进行布点采样、分析。通常根据一个地区的规模、大气污染源的分布情况和源强、气象条件、地形地貌等因素，进行规定项目的定期监测。

环境大气监测的实施主要是依照区域的划分来进行的，区域划分的依据在于地区规模、大气污染源分布、大气污染程度、地形、气象等，并依照区域条件的不同，会采取多种多样的环境大气监测方法，例如：网格布点法、扇形布点法、气样采集法等。此外，环境大气监测的实施通常是定期执行的，根据地区的大气污染状况，结合国家当前的监测规程来执行。

大气环境监测的目的包括以下几个方面：

（1）通过对环境空气中主要污染物质进行定期或连续地监测，来判断空气质量是否符合《环境空气质量标准》或环境规划目标的要求，为空气质量状况评价提供依据。

（2）为研究空气质量的变化规律和发展趋势、开展空气污染的预测预报以及研究污染物迁移与转化情况提供基础资料。

（3）为政府环保部门执行环境保护法规、开展空气质量管理及修订空气质量标准提供依据和基础资料。

（4）对污染源进行监督性监测，即定期检查污染源排气中的有害物质含量是否符合国家规定的大气污染物排放标准要求；评价净化装置的性能和运行情况以及污染防治措施的效果，为大气质量管理与评价提供依据。

（5）对污染源排放污染物的种类、排放量、排放规律进行监测，有利于查清空气污染的主要来源，探讨空气污染发展的趋势，制定污染控制措施，改善环境质量。

第四节　环境监测野外采样安全

环境监测活动是由多个监测活动共同组成的整体，包括现场调查、监测计划、优化布点、样品采集、运送保存、分析测试、数据处理、综合评价。现场样品采集是环境监测过程中的基础和核心部分，现场采样方法的科学性、操作的规范性及样本质量的好坏直接影响监测结果的准确性和有效性。保证现场采样的质量就是保证环境监测数据的准确性和完整性。

野外环境监测经常在偏远的地区（山区、河流、湖泊）进行样品采集，特别是土壤样品采集，部分监测点位相对偏远，有些监测点位甚至在人烟稀少或人迹罕至的地方。采样工作具有一定的特殊性和危险性，常因交通运输条件差、天气状况不良、监测环境恶劣等原因引发安全事故，不仅对监测人员自身安全构成威胁，同时也给国家和社会造成了重大损失。野外环境监测采样需提出切实可行的防护措施，以保证野外工作人员的生命安全。有效规避不安全事故的发生，同时保证环境监测现场采样的质量，已成为专业监测人员必须学习的一项技能。

野外采样人员的综合素质对采样工作质量有着重要的影响。采样人员需具备较强的专业理论知识和较强的责任心，注重采样的每一个细节。为了避免和减少安全事故的发生，在进行野外环境监测之前，需要仔细研究分析采样所属区域自然环境的特点，科学合理地规划采样时间和路线，应进行充足的安全保障准备工作，了解采样过程中可能遇到的安全问题，考虑各方面风险隐患并准备合适的着装、背包和急救包等装备。监测人员需具备一定的野外活动技能，如会使用地图、使用导航工具、辨别方向和山地行进技巧等。采样过程中，由于各种原因致伤或疾病发生时，监测人员也要具备一定的急救基本知识以进行初步救援和护理。

环境监测不仅要保证实验数据的正确性和可靠性，更要保证环境监测人员的人身安全。将《安全生产法》中"安全第一、预防为主、综合治理"的基本方针时时刻刻铭记在心。保安全就是抢进度，没了安全的效率是一句空话。只有在野外环境监测中人人将安全重视起来，才能得到真正的安全。

第二章　准备篇

在经济全球化发展的大背景下，随着我国经济发展的步伐加快，环境污染问题变得日趋严重，环境监测作为生态文明建设和污染防治攻坚战的"眼睛"，其重要性正在不断强化，要求更加精细与严格，伴随而来的是一系列的安全问题，而中国建设社会主义和谐社会，环境监测行业的安全发展也成为了一块非常重要的内容。环境监测中室外监测通常会有应急监测、环境核查、样品采集等内容，因此野外作业是环境监测工作中非常基础、也非常重要的一项工作环节。由于野外环境监测工作时间长、环境艰苦，环境的复杂多样化使得野外环境监测人员的工作具有特殊性和危险性，其不安全因素主要来源于交通运输、天气状况、采土涉石、人员中毒、滑坡等自然、人为因素，不仅对野外环境监测人员的生命安全构成威胁，还会给国家和社会带来重大损失。因此，为了避免和减少安全事故的发生，在进行野外环境监测之前，监测人员应进行充足的安全保障准备工作，从防雨、防雷、防暑、防冻、防洪、防风、防虫、防蛇、防大型野兽、防工伤事故等方面进行考虑和选择装备。准备工作主要包括常规物品及野外安全装备的准备、环境监测野外安全防范措施的掌握和监测人员安全意识的强化等几个方面，准备充分与否在很大程度上决定了环境监测野外作业是否能顺利开展。

第一节　野外安全装备的分类

环境监测人员在开展野外工作时，为了在工作过程中免遭或减轻事故伤害及职业危害，同行的监测人员应不少于 2 人，且必须准备和配备相应的野外环境监测安全装备。野外环境监测安全装备是指从事野外勘察、野外核查、应急环境监测和野外采样等野外环境监测工作时需要配备的安全防护装备。根据野外作业的实际情况，可分为常规装备和特殊装备。

1. 常规装备

常规装备是指进行正常野外作业（包括野外勘察、野外核查、应急监测、野外采样等）时，不需要野外宿营的情况下必须准备的安全装备。主要包括：工作服、野外工作鞋、工作帽、手套、口罩、背包、地形图、GPS、指北针、求生哨、求生刀具、登山杖、雨衣、防滑雨靴、救生衣、绳索、对讲机、急救药品箱等。必要时，应配备安全防护知识手册；在条件允许的情况下，还可配备无人机，用于排除监测过程中的不安全因素。

2. 特殊装备

特殊装备是指进行正常野外作业（包括野外勘察、野外核查、应急监测、野外采样等）时，需要野外宿营进行长时间现场作业时必须准备的安全装备。除常规装备外，还需要准备的主要包括：帐篷（分双人、多人）、防潮垫、户外睡袋（分夏季、冬季）、照明灯、便携式手电筒、方便食品、水壶、望远镜等。如果需要连续多日在野外宿营工作，在条件允许的情况下，建议配备野外宿营保障车。

第二节　野外安全装备的选择

环境监测人员开展野外核查、应急监测、野外采样等工作时，各种突如其来的危险具有难以预测和不可逆转性，种种情况都需要及时处理，要有合适的工具和装备去应对，每一件装备都有自己的特点和用途，缺少或选择不当都有可能会对工作造成困扰，且不能在发现紧急情况或事故时有效地保护自己。因此，监测人员在出发前应结合当次野外环境监测工作的内容、地点、现场环境条件等实际情况和物品的实用性、适用性，选择合适的装备。切忌因为贪图便宜而购买劣质的野外工作用品，应配备符合工作要求的装备，最大限度地保证野外作业人员的人身安全。

1. 着装

（1）工作鞋的选择

由于足部承托了人体的全部重量，在野外工作时，保护好双脚是至关重要的，因为开展野外监测活动大多数情况下主要依靠的是行走，而鞋子的基本功能就是用来保护双脚，一双实用的野外工作鞋可以让监测人员自由轻松地活动，更好地应对长时间工作和复杂的工作环境。

监测人员应根据实际工作的强度、工作地点的地形环境和路况等选择合适的鞋子，如果选择的鞋子功能无法满足需求，就容易发生脚底起泡、疲劳、扭伤脚腕等情况。切记野外工作时不要穿普通皮鞋、拖鞋、高跟鞋、塑料鞋、凉鞋或各种暴露脚面和脚趾的鞋子，应穿着运动鞋或其他专用鞋，在选择鞋子时应侧重于以下几个方面：

①鞋子的重量应适中，不应选用笨重又容易损坏的鞋子。鞋子应具备透气性、防水性，有一定的防潮御寒功能，沾水后不容易变形。若野外监测需要跋山涉水，鞋子的重量应是重点考虑的因素。

②鞋底应具备防滑性、耐磨性。鞋底的厚度、软硬程度要适中，太硬不适合长时间走路，太软、太薄则会容易被地面上的尖石硌到，甚至刺穿鞋子划伤脚底，在需要长距离步行的情况下，结实耐磨的鞋底对脚可以起到较好的保护作用。特别是在山地行走时，要选择鞋底与地面摩擦大的鞋子。

③鞋子大小选择要适宜，过紧不适于长时间行走活动；鞋面不宜过窄，且应具有防砸功能，否则在有重物掉落时容易砸伤双脚，在复杂地形区域行走时易磨损鞋面。

④需要行走于沙地、丛林、泥泞路面时，应尽量选择鞋帮较高的鞋子，可有效保持清洁，防止扭伤脚踝，以防小石子、沙子等进入鞋内，同时可避免昆虫进入鞋内。

图 2-1 为各类适合野外工作的鞋子。

安全鞋　　　　　　　　　　　　高帮登山鞋

轻型徒步鞋　　　　　　　　　　加厚徒步鞋

图2-1　各类鞋子

（2）工作服的选择

正确的着装是保证野外工作人身安全的重要手段。野外工作服一般分为夏季和秋冬季，夏季工作服应轻便、速干、抗菌、透气性良好，能防止身体过热和出汗过多；秋冬季工作服应保暖防寒，便于活动。无论是夏季工作服还是秋冬季工作服，在工作服的明显部位都应有反光警示设计，反光警示面积不能过小。工作服均以长袖、长裤为主，尽量减少皮肤裸露，如果防护不到位，进行野外活动（如爬山、穿越丛林等）时，各种带刺的植物或蚊虫都有可能给监测人员带来伤害。在特殊的工作环境（如有毒有害污染物的采样现场）中，必要时要配备全套防护服，确保做好防护后再开展工作。各式工作服如图2-2所示。

①外衣。

野外工作穿着的外衣，必须同时具有良好的防风性、防水性、透气性、耐磨性、抗拉性及防静电性能，这是在野外复杂环境下生存和进行监测活动的基本需要。此外，外衣必须宽松、舒适，便于监测人员灵活行动，通常选择带帽子的短风衣或夹克，并伴有不同于一般衣物的特殊设计，增加衣服的实用性，例如，外衣上有拉链型口袋，便于开合和收纳小物品，减轻双手负担；在易摩擦的地方缝制一层加厚尼龙布；衣服外层使用不易吸水、不易划破的布料，内层使用含毛绒、可保暖的面料。应注意不要选择与环境颜色接近的外衣，尽量选择鲜艳的颜色，以便在遇到紧急情况或遇险时能被同行或救援人员及时发现，若选择与环境颜色接近的外衣会干扰营救人员的判断，这无形中增加了野外工作的危险系数。

②裤子。

一般情况下，野外工作的裤子与外衣是配套的，因此裤子的性能基本与外衣的性能一致。与外衣的选择一样，选择有良好防风性、防水性、透气性、耐磨性、抗拉性及防静电性能的裤子，即能达到野外工作基本需要。此外，裤子大小、颜色的选择要适宜，要保证监测人员在进行各种监测活动时动作不受限制，在复杂环境中遇到紧急情况时能被其他人员快速准确地找到。在寒冷或地理位置偏北的地区，冬季应优先选择保暖性能比较好的裤子；在地理位置偏南的地区，冬季较短，野外气温不会过低，在野外工作时对裤子的保暖性能要求相对不高。

图 2-2　工作服

（3）工作帽的选择

在野外环境监测工作中，配戴防晒帽是非常有必要的，除了普通的草帽和遮阳帽，工作帽还有多功能防护帽和防寒帽两种，多功能防护帽一般具备遮阳、速干、防紫外线、防水、警示等功能，防寒帽应选择能防寒、防风、防雨、透气、防水、有警示标识的帽子。根据不同的野外环境需要选择不同的工作帽，例如，夏季天气炎热，高温条件下在无阴凉地的野外长时间工作，消耗非常大，应选择防紫外线、遮阳效果好的帽子，否则阳光直接照射皮肤，容易引起晒伤，严重的甚至会出现脱水、中暑等现象；冬季天气寒冷，野外工作过程有可能会碰到风雪天气，容易发生冻伤的情况，这时候应选择防风、保暖效果较好的防寒帽；在风沙大的地区作业，应配戴具有防风沙功能的防护帽；在山林中或蚊虫较多的地区作业，需准备具有防蚊虫功能的防护帽；在特殊的工作环境下，如生产区域、有毒有害污染物采样现场，还要按规定配戴安全帽、防毒头（面）罩等。各类工作帽如图2-3所示。

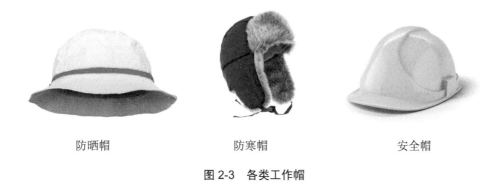

防晒帽　　　　　　　　　防寒帽　　　　　　　　　安全帽

图2-3　各类工作帽

（4）其他着装的选择

①袜子。

很多人忽略袜子的重要性，但实际上为了保护双脚，在选择袜子时也是有要求的。袜子可以起到保持脚部的温暖、缓和走路时冲击的力量、减少和鞋子摩擦的不舒服感等作用，能防止脚底起泡，减缓脚部疲劳感。人们在一般生活中走路时脚部需要袜子的保护，环境监测人员在野外从事活动量较大的工作时，袜子更是影响的重要因素之一。

适用于野外工作穿着的袜子根据其功能有四种基本类型：内袜、轻量型袜、中量型袜、登山袜。各类登山袜如图2-4所示。

图 2-4　登山袜

　　内袜的长度多为半长筒，厚度很薄，重量最轻，一定是穿在最贴近脚部的最内层，这类袜子通常具有良好的排汗性和舒适性，可以让脚部经常保持干燥，合适尺寸的内袜能够让脚部有适当的活动范围；轻量型袜适合在进行活动量相对较小的野外工作时穿着，这类袜子比内袜稍厚，支撑性、舒适性、耐磨性良好，也有更佳的缓冲功能，因为轻量型袜还是很薄，比较适合在气候温暖的地区使用，一般这类袜子都是利用混纺的方式制成，可单独穿着，也可配合内袜一起使用；中量型袜适合在气候寒冷时的野外工作中使用，能够提供足够的缓冲性及隔绝性，保护脚部不受外界温度的影响，其厚度和保暖性均比轻量型袜子要好，有些甚至在冲击力较大的区域加厚袜子的厚度（如脚跟和前脚掌的区域），以提高脚部的舒适度，这类袜子应配合内袜穿着；登山袜相较其他几种袜子是布料最厚、缓冲性最好的，它的设计是为了满足长时间在野外以及低温状况下进行的各种监测活动的防护需求，但因为厚度太厚，不适合在气候温暖的地区或季节使用。

　　野外环境监测人员应根据工作地点的季节、气候气温、环境情况，同时考虑实际工作时间、内容来选择合适的袜子，如果野外环境监测人员需要长时间行走，湿润的袜子应及时更换。

　　②鞋垫。

　　鞋垫是放在鞋内底部的垫底部件，其作用是使鞋内底部保持清洁，排除脚汗和吸湿，使鞋内底部平整光滑，穿着舒适。鞋垫发展到今天有许多功效：加热、增高、保护、缓冲、吸湿、排汗等。鞋垫虽看起来不起眼，但当你真正在野外行走时会发现它非常重要，如果鞋垫不合适，将会增加野外工作人员脚部的负担，从而影响活动的灵活度和舒适度，增加出现状况的概率。

一般鞋垫可以分为以下几种：

EVA 发泡胶鞋垫：由乙烯（E）和乙酸乙烯（VA）共聚而制得，大部分鞋子原装使用的就是这种鞋垫，通常是以 EVA 为鞋垫的主要材质，配合布料、皮革等面料复合压制而成，这种鞋垫具有一定的柔软度和韧性，但透气性较差，见图 2-5。

中等承托鞋垫：在普通 EVA 鞋垫后跟部分加上弧形的硬胶托，使其在承托和稳定性方面表现更好，可减少步行时后跟着地时的摆动，从而减轻疲劳及减少创伤的概率。

高度承托鞋垫：在普通 EVA 鞋垫上加上精确弧度的后跟托，将承托范围延伸至中掌部分，使其在承托和稳定性方面有更佳表现。

水松鞋垫：其优点是轻软、舒适，具有天然的透气性，最大的优点是会依据脚底的弧度自动调节至最合适的形状，保证服帖，但水松鞋垫不能提供承托和其他方面的功能，并且价格较贵。

减震鞋垫：运用硬式的杯型后跟托，加上吸震缓冲材料层，可以达到吸震缓冲的效果，适用于步伐稳定而持久的野外活动。目前减震缓冲性能较好的材料有Arti-Lage 材料，利用材料的性能可以有效减缓脚部冲击力，有些设计合理的鞋垫甚至能吸收 70%～90%的冲击力，见图 2-5。

EVA 发泡胶鞋垫　　　　　　　　　　减震鞋垫

图 2-5　各类鞋垫

加热鞋垫：有自发热鞋垫和电热鞋垫两种。自发热鞋垫主要采用远红外蓄热 PU面料，多层结构设计，表面柔软、舒适、温暖，底层干燥舒爽，可贮存脚部热量，比羊毛鞋垫更加保暖透气，可抵御严寒，改善血液循环；电热鞋垫可反复充电，并维持在固定的温度，不同的产品充满一次电可使用的时间不一样，一般可维持 6～

12 h。

野外工作鞋垫该如何选择呢？一般情况下，野外环境监测工作的环境复杂，地形多样化，不推荐使用 EVA 发泡胶鞋垫和水松鞋垫；在冬季或寒冷地区开展野外工作，可选择保暖性能良好的加热鞋垫；根据野外环境监测工作的时长和强度，可选择中等承托鞋垫或高度承托鞋垫，承托和稳定性对于野外工作尤为重要。当然，不同品牌、工艺和用料的鞋垫价格差异较大，使用时还应根据实际经济情况进行选择。

③手套。

无论哪种类型的野外环境监测工作，手工操作的环节必不可少，工作中会用到塑料、金属、玻璃、木质等材质的工具和用品，可能会发生刺手、磨手，甚至划伤流血的情况，复杂的野外工作环境也会使环境监测人员在工作过程中的危险系数在一定程度上有所增加。因此，环境监测人员在野外工作时应配戴手套，手套应能有效防护并能保持双手灵活稳健地开展工作。各类手套如图 2-6 所示。

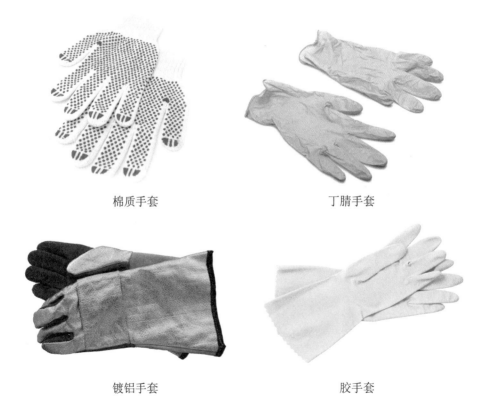

棉质手套　　　　　　　　　　　　丁腈手套

镀铝手套　　　　　　　　　　　　胶手套

图 2-6　各类手套

选择和准备野外工作手套要考虑到不同季节和不同工作内容的需要。针对野外工作最常见的机械伤害，防护手套材质主要有：合成纱、丁腈、天然乳胶、PVC等；针对需要接触高温的情况，防护手套材质主要有：合成纤维、镀铝材质、棉质等；针对需要使用化学试剂的情况，防护手套材质主要有：天然乳胶、氯磺化聚乙烯材质等；另外还有防水、防寒、绝缘手套等。除了手套的材质要根据实际工作有针对性地选择，手套的尺寸也是选择的要素之一，如果手套太紧，限制血液流通，容易造成疲劳，并且不舒适；如果太松，会导致使用不灵活，而且容易脱落。

野外环境监测人员在使用手套的过程中还应注意：

要保证手套的防护功能，使用时必须定期更换手套，如果超过使用强度，则有可能造成手套破损，使手或皮肤受到伤害；随时对手套进行检查，检查有无小孔或破损、磨蚀的地方，尤其是指缝；使用中要注意安全，不要将污染的手套任意丢放，避免造成对他人的伤害，暂时不用的手套要放在安全的地方；摘取手套一定要注意正确的方法，防止将手套上沾染的有害物质接触到皮肤和衣服上，造成二次污染；最好不要与他人共用手套，因为手套内部是滋生细菌和微生物的温床，共用手套容易造成交叉感染；不要忽略任何皮肤红斑或痛痒，如果手部出现干燥、刺痒、气泡等情况，要及时请医生诊治。

④贴身衣物。

选择贴身衣物要注意两个问题：一是化纤的含量不能太高，含有化纤虽然利于通风和晾干，但如果含有过多的化纤成分，行走久了人便会有一种燥热的感觉，有时皮肤还会有很强的灼热感，甚至是刺痛感；二是不能选择纯棉质的内衣，因为纯棉质的贴身衣物一旦吸汗变湿就很难干，尤其是在寒冷地区，吸满汗水而又久不能干的贴身衣物有可能会导致生病。因此，一定要选择排汗、透气、便于活动、舒适感强的贴身衣物。

⑤其他。

除以上所提到的基本着装外，在不同地区、不同环境也可能会需要其他一些辅助装备。例如，在阳光强烈的野外，应配备一副太阳镜来削弱强光对眼睛的刺激；在灰尘、扬尘较多的情况下，应配备口罩来遮挡，防止大量颗粒物进入呼吸道影响健康；在有强风或者寒冷的地区，应配备专用围脖围住面部和颈部，进行防护；在雨水较多的地区，应配备雨衣；需要在江河湖泊中行船作业时，每个工作人员都必须穿着救生衣；在山地丛林中采样时，应配备登山杖等辅助工具，防止滑落山坡；有需要夜间在野外工作的，应携带便携的手电筒或照明灯等。各类辅助装备如图 2-7 所示。

墨镜　　　　　　　　　　　　　　口罩

雨衣　　　　　　　　　　　　　　救生衣

登山杖　　　　　　　　　　　　手持照明灯

图 2-7　各类辅助装备

2. 背包

环境监测野外工作时除了要携带沉重的设备及采样工具外，还应携带一些常用的辅助工具和用品，这时有一个随身背包用来携带物品就方便多了（图 2-8）。野外工作背包的主要作用是装载物资和常用工具，它已成为日常工作必不可少的装备，选择一个合适且性能好的背包可以使工作事半功倍，常用的野外工作背包主要包含以下三大系统。

图 2-8 背包

（1）背负系统

主要指背包上保证承重及背负舒适性的区域，结构上包括肩带、胸带、腰带、肩部受力带、包底受力带、支撑装置、通风装置和调节设置。背负系统是背包科技含量的核心，背包性能优劣的最大差别在于背负系统，性能好的背包在设计上不仅考虑透气性，还能保证其承重强、舒适度高、重力传递性良好。

（2）装载系统

主要指背包上用来装载野外环境监测工作中的各种工具、装备甚至样品的区域。装载系统的结构一般都不太复杂，通常由主袋、顶袋、侧袋、副袋等部分构成，有些背包还设计了腰包配合使用。若装载系统设计足够科学和人性化，使用者则可以依据自身需要分装物品，放入和取拿都很方便，背包的舒适性和受力传递也会更优越。

（3）外挂系统

主要指背包上用来增加携带物品的数量，方便悬挂一些如指北针、登山杖等小型环境监测工具或是外挂宿营用品的区域。背包的外挂系统可简单分为顶挂、侧挂、被挂、底挂等，通常采用点固定或条固定方式。点挂式一般设置一组或两组对应挂点；条挂式通常在背包正面装两排外挂条，每条可以设置一个或多个固定点，其固定物品更具有随意性，较少受形态的影响。设计合理的外挂系统，可使背包的容量增大一倍。

一个背包是否舒适，关键在于设计；一个背包是否耐用，关键在于用料。环境监测野外工作背包材料的选择也有讲究，从织带承受力上看，优质的织带表面光滑、质地柔软、承重力强，承受拉力可达 100 kg 以上；从背包面料来看，常用的材料有涤纶和尼龙，前者着色好，但强度、弹性相比于尼龙稍差。另外，选好背负系统的尺码非常重要。什么样的尺码为合宜呢？一般说背包的腰部受力点应在尾骨上方的腰窝上。肩带的支点应略低于肩部（10 cm 为宜），这样才便于受力带的调整和受力，背起来才舒服。背负尺码过大会产生下坠感，反之则有上纵感，使腰部受力不到位，合适的尺码调整好后，背包会自然贴在背上，受力正确达到良好舒适度。特别是遇到重大应急监测时，还可能需要夜以继日地长时间在外坚守岗位，这时携带的装备和用品就会增多，背包更要以装载分类明确、容量大为宜，在功能性的方面考虑要更看重。

3. 帐篷

环境应急监测时通常需要连夜工作，在野外宿营可以使用帐篷、露宿袋、防水布等。帐篷是最常用的装备，因为它容易架设，且防风、防雨、防晒，内部还有足够的空间可以供于休息或放置部分环境监测设备。

帐篷按照用途可以分为休闲帐篷（单层帐篷）、野营帐篷（双层帐篷）、高山帐篷（铝杆双层帐篷）；按照大小可以分为单人、双人、三人、四人、六人及十人帐篷；按搭建方式可分为穿杆式、折叠式和挂式帐篷；按照外形可分为三角形、圆顶形（亦称蒙古包式）、六角形、船底形、屋脊形帐篷。各类帐篷如图 2-9 所示。

帐篷的选择有以下几个要点：

（1）安装简便

这是选择帐篷的首要考虑因素，野外工作环境复杂，工作繁重，不宜选择安装复杂、耗时间和体力的帐篷。

（2）帐杆选择

根据实际经济情况优先选择撑杆强度高、回弹力好的帐杆。目前最好的材质是碳素杆，再到铝合金、玻璃纤维杆，其中铝合金杆从价格和性能上综合评价，优先选择的顺序依次是钪铝合金、7075T9铝杆、7001T6铝杆。帐篷的抗风性能不仅与帐杆的质地、直径有关，还和帐杆的套数有关，一般来说，帐杆套数越多，防风性越好。例如，使用两组普通铝杆的帐篷可抗7～8级的大风；三组铝杆的防风能力约为9级；三到四组7075T9铝杆的帐篷可以在11级的暴风雪环境中使用。

（3）帐篷材质与性能的选择

材质可分为面料、里料、底料等，一般来说，不同面料的密度不同，因此抗拉强度和防水压力也各不相同。在面料的选择上，尼龙绸薄而轻，适合于需要长时间徒步行走的监测活动，牛津布厚而重，适于出动环境应急监测车时使用；从里料防水涂层来看，PVC防水虽好，但冬天会发硬，变脆，容易产生折痕或断裂，而PU涂层刚好可以克服PVC的缺陷，防水也很不错；帐篷的底料应注重的是防水、防潮、防尘，普通帐篷通常用PE、PVC做底料，成本较低，虽具有防水、防潮的功能，但易磨损渗漏。使用PU涂层的牛津布做底料，无论是坚固性、耐寒性还是防水性都大大超过了PE和PVC材质。

（4）帐篷形状的选择

三角形帐篷是早期最常见的帐篷款式，前后采用人字形铁管作为支架，中间架一横杆连接，撑起内帐，再装上外帐即可，这种帐篷非常轻便，但最多只能容纳2人，各方面性能较弱，一般不选择；船底形帐篷撑起后像一只反扣过来的小船，又可分为二杆、三杆不同的支撑方式，一般中间为卧室，两端为厅棚，在设计上注重了防风流线，一般可容纳2人；圆顶形帐篷采用双杆交叉支撑，拆装都比较简便，抗风、抗压性能都非常突出，一般可容纳3～4人，是最为常用的帐篷；六角形帐篷采用三杆或四杆交叉支撑，也有的采用六杆设计，注重了帐篷的稳固性，一般可容纳5～8人，适合在山上宿营作业时使用；屋脊形帐篷形状似一间独立的小瓦房，支撑通常是四角四根立柱，上面架一个脊形似的结构式屋顶，这种帐篷一般比较高大、笨重，适合于出动野外环境监测车或相对固定地点的野外露营作业时使用，有车载帐篷之称。

三角形帐篷

圆顶形帐篷

船底形帐篷

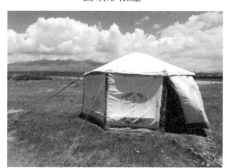
屋脊形帐篷

图 2-9　各类帐篷

4. 睡袋

睡袋是开展环境应急监测工作需要日夜连续监测时不可缺少的装备之一，夜宿野外非常考验监测人员的体力，休息期间保证良好的睡眠才能让身体保持良好的状态，保障下一阶段工作更顺利、更安全的开展。睡袋最主要的功能是卫生和保暖，选择时应着重看三个方面：

（1）温标

温标是睡袋最重要的性能指标，一般由最低温度、舒适低温、最高温度三个数据组成。

最低温度：指在所示最低温度值下不会有生命危险，通常在温度比较低的季节开展工作时要特别注意这个指标，但要清楚的是最低温度并不能保证使用者的舒适度和足够的保暖度。

舒适低温：指睡袋使用时最舒适的理想温度，该温度就是能舒服入睡的指标了。舒适低温在睡袋上有两种标识方法，一种是标识一个绝对温度，比如10℃，表明该睡袋的舒适低温是10℃；另一种是标明温度范围，从红色过渡到绿色或蓝色，比如红色从5℃开始，到0℃时过渡为淡绿色，在-5℃时过渡为深绿色，这种温度表示的意义是5℃偏暖，0℃适宜，-5℃时感觉很寒冷，即睡袋的舒适低温是0℃。

最高温度：指使用的温度范围上限，在最高温度下，人体在睡袋中会感到热但不至于大量出汗，高于此温度则会过热。

值得注意的是，睡袋的温标通常是按照男性体质来计算的，因此如果是女性使用，对温标的要求一般要比男性高约5℃。另外，由于欧洲人的耐寒力普遍比亚洲人高，一般来说欧美原产睡袋的温标对于亚洲人来说不太适宜，在选择时要考虑这方面的因素。

（2）材质和填充物

好的睡袋一般采用防水透气材料，因为在一些寒冷的地方，清晨帐篷内温热气体会在睡袋上凝结成小水珠，所以睡袋的外层材料具有一定的防水性用起来会更方便；睡袋的填充物常见的有羽绒和人工纤维，另外还有单层抓绒无填充的，填充使用的羽绒一般为鸭绒和鹅绒，鹅绒的性能优于鸭绒，其优点是保暖效果好、轻便、易挤压易恢复、使用周期较长、十分耐用，缺点是价格较高、易吸水；人工纤维填充的睡袋主要有腈纶棉、中空棉、四孔化纤棉、普通化纤棉等，其优点是在潮湿的环境下受环境影响没有那么大，即使潮湿了也比羽绒的易干燥，保暖效果和价格较为合适，缺点是不好挤压，存放时占用空间较大，保温性能不如羽绒睡袋，使用寿命较短。

（3）形状

睡袋的形状直接关系到睡袋的保暖效果、睡眠舒适性以及行李体积。常见的睡袋有三种形状：木乃伊式、信封式、混合式。木乃伊式睡袋肩宽脚窄，是同样重量下能达到最好保暖效果的睡袋形式，适合冷季节使用；信封式的内部比较宽敞，使用时不会有束缚感，同时可以打开当被子盖，适合夏季和体形宽的人；混合式睡袋是前两者的结合。以上三种睡袋（图2-10），从保暖性上来说依次递减，从舒适度上来说依次递增。

木乃伊式

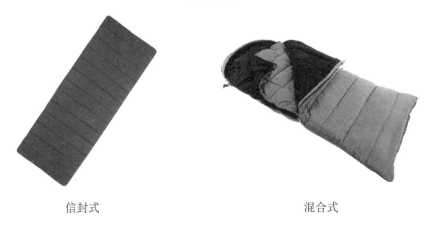

信封式　　　　　　　　　　　　　混合式

图 2-10　各类睡袋

（4）季节及使用环境

在准备野外监测物品时，应关注拟开展监测地点的气候气温、天气情况、环境特征，预估具体工作需求、野外工作天数等，结合温标、材质和填充物、形状，充分考虑其保暖性和适用性，综合判断进行合理选择。

5. 防潮垫

野外监测工作环境复杂多样，露营时很难找到一块平整的地方，一般夜间地面会比较潮湿，休息时身体与地面只靠帐篷底部间隔，防潮性和保暖性难以保证，因此防潮垫是宿营工作时的必备品，它很好地隔绝了人体与地面的热量传递，其防潮、防硌、保暖功能起到了关键的作用（图 2-11）。防潮垫的种类主要有开放式发泡垫、封闭式发泡垫、自动充气式防潮垫，按形状主要分为普通型防潮垫、蛋巢形防潮垫、银搓板形防潮垫、六边形防潮垫。

（1）开放式发泡垫

这种防潮垫由泡沫制成，里面有许多细微的气孔可以让外界空气进入，形成隔绝层。它的优点是舒适轻便，价格不贵；缺点是会吸水，不容易压缩，收纳不方便，一旦碰到水就不能用了，其隔绝效果和保温效果较差。

（2）封闭式发泡垫

包括泡棉垫、锡箔披覆垫、折叠式垫几种，具有价格便宜、耐用性高、防潮效果好、不吸水等优点，缺点是睡起来没那么舒适，有一定的自重，在需要选择较厚的垫子时自重则较重。

（3）自动充气式防潮垫

通常内部为开放式发泡防潮垫，外层加上组织紧密、防水性好的尼龙布，同时在角落设有一个充气气阀以便空气流通，有的还自带充气枕头。其优点是在无需使用的时候可以收起来，十分方便，充气后舒适度高，防潮性能很好，随时都能保持一定的厚度；缺点是价钱昂贵，容易被刺破或撕裂，重量较重，使用后不容易排空内部空气。

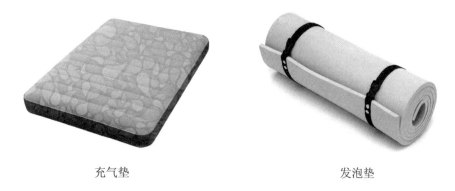

充气垫　　　　　　　　　　　　　发泡垫

图 2-11　防潮垫

在开展需要野外宿营的环境监测工作时，准备了好的睡袋，但如果没有合适的防潮垫配合，保暖程度会大大降低。如果宿营地面是草地或较平坦的地方，各种防潮垫都可适用；如果是凹凸不平的山地，最好选用较厚的防潮垫；如果天气状况很稳定，不会有低温出现，舒适度的要求相比隔绝性要更优先考虑；如果不能掌握天气变化的因素，应选择隔绝性好的防潮垫；如果背包的容纳空间已经不多，防潮垫的体积最好不要太大；如果是出动环境应急监测车或宿营保障车，防潮垫的体积和重量可不做考虑。

表 2-1　各类防潮垫的比较

考虑因素	比较
价格	开放式发泡垫＜封闭式发泡垫＜自动充气式防潮垫
占用空间	自动充气式防潮垫＜开放式发泡垫≈封闭式发泡垫
舒适度	封闭式发泡垫＜开放式发泡垫＜自动充气式防潮垫
防潮性	开放式发泡垫＜封闭式发泡垫＜自动充气式防潮垫

6. 野外急救包

环境监测野外工作过程中常见的安全问题按事故的不安全因素可分为自然因素、人为因素、环境监测工作本身因素三大类。自然因素包括：雷电、暴雨、山体滑坡、高温和低温天气、蚊虫（毒虫、毒蛇、马蜂等）叮咬等；人为因素包括：行车事故、击打落石、行船落水、山林火灾等；环境监测工作本身因素包括：接触有毒性或腐蚀性的物质、触电、放射性物质伤害等。当环境监测野外工作人员跨进野外的门槛，便失去了快速医护的方便，面对的将是复杂的野外环境和工作过程中的不确定性和危险性，这时就需要监测人员加强学习基本的野外急救知识，提前预估野外环境下开展环境监测工作可能会发生的安全问题和意外情况，在出发前准备好野外急救包，在遇到突发状况时能及时用于监测现场的第一时间救援和应急处理。

野外急救包里的物品通常分成两部分，一部分是药品，另一部分则是医疗用品。根据人员身体情况差异以及野外监测工作强度、工作时间长短、工作环境特点的不同，应有针对性地准备急救包的医用物品。

药品类包括晕车药、蛇药、云南白药气雾剂、清热解毒片、黄连素、安乃近、胃药、整肠丸、止泻药、止痛药、烫伤膏、息斯敏、紫药水、红药水、驱蚊止痒药、风油精、藿香正气水、双氧水、酒精和碘酒等。最好一次只服用一种药物，避免多种药物相互作用产生有毒物质。

医疗用品类包括剪刀、镊子、打火机、医用手套、口罩、体温计、医用纱布、弹性绷带、棉签、胶布、创可贴、止血粉、止血钳、酒精棉、酒精棉片、固体冰袋、热敷包、尼龙缝线、医用针线包、消毒湿巾、安全别针、手电筒、急救毯等。

7. 野外宿营保障车

野外宿营保障车是经过特殊设计改制出的一种车辆，属于特种车辆。对于需要连日奋战在野外的环境监测工作者来说，环境应急监测车能保障长时间应急监测工作及野外现场分析检测工作的顺利开展，野外宿营保障车的出现，给野外工作人员提供了极大的方便和生活上的保障，同时大大增加了野外宿营工作的舒适度和安全性。野外宿营保障车除了能保障监测人员在野外的生活基本需求，还能保障监测人员不受高温、低温等恶劣环境影响，能帮助监测人员在野外无补给的情况下更安心、更安全地开展高强度的环境监测工作，在条件允许的情况下，配备一台这样的车辆是非常必要的。

第三节　向导选择

由于环境监测工作的特殊性，监测人员在野外监测时所要面对的环境是复杂而且多样化的，有时需要行船至江河湖泊，有时需要穿越山洞，有时需要深入山林，有时需要登高攀爬，有时需要到偏远的山村和郊外，大多数情况下，监测人员对野外工作环境的地形、路况、周边情况等了解得比较局限，熟悉程度不够，开展工作时，对环境中潜在的危险因素不能及时预判，增加了一定的风险，因此找到对环境熟悉的向导对于环境监测野外工作是非常重要的环节。向导可以帮助环境监测工作者选择最佳的行走路线，提前了解当地环境的特点及不安全因素，避开风险点，并协助监测人员制订出最合理、最安全的监测方案，保证监测工作安全有效地开展。

向导可以是当地对环境信息已足够掌握的基层环境监测人员或行政管理人员，也可以是当地对野外环境和环境监测工作都有一定了解的村民。监测人员对野外工作区域的自然条件、道路状况、地形地貌分布、存在的不安全因素的了解程度越高，就越能保障工作安全有序地开展。特别值得注意的是，监测人员应尊重当地习俗，不要与当地居民发生冲突而引发事故。

第四节　安全意识

安全发展已是建设社会主义和谐社会的重要内容，环境监测野外工作具有专业性强、人员高度分散流动、野外作业环境恶劣、易遭受自然灾害侵袭等特点，影响安全工作的因素复杂多变，安全管理要求高，开展工作时应始终秉承"安全第一"的理念，减少并杜绝安全事故的发生，坚持安全第一，就是对国家负责、对工作负责、对人的生命负责。那么，如何才能提高人员的安全意识，从思想上牢固建立安全防线呢？

1. 安全培训

避免安全事故发生，实现安全工作的关键因素是人。人的行为规范了，就不会出现违规指挥和作业的行为；人的安全意识增强了，可以及时发现并纠正监测各环节中的不安全状态，清除安全事故隐患，预防事故的发生。因此，应加强环境监测野外工作岗前安全教育培训，强化上岗考核，提高监测人员的安全意识，提高整个团队的安全工作管理水平，增强自我防护和应急处理能力，这样才能保证野外监测工作安全顺利地进行。环境监测野外工作安全培训一般包含但不限于以下几个方面内容：①安全工作的重要性；②野外监测工作环境的不安全因素及基本应对方法；③环境监测规范和操作基本要求；④新仪器、新技术使用的注意事项；⑤特殊监测活动的安全防护；⑥其他注意事项。监测人员应重视岗前培训，树立责任心和职业道德操守，注重细节，与时俱进，特别是新入职的人员，更应当自主学习，严格按照要求开展工作，把安全放在第一位。

2. 团队合作

野外环境监测通常是团队工作，每个环节和操作应至少有两名专业技术人员配合开展，团队中每个人都有明确的分工，肩负着责任，必须要与团队其他人员进行优势互补，才能提高整体的战斗力，从而更好、更安全地完成工作。

一个好的团队，主要负责人是团队的灵魂，有责任在团队中形成专业的工作方案，管理整个监测工作的质量和人员、仪器安全，确保有效、有序、安全地开展环境监测工作，并能在紧急关头作出准确的判断和决定。团队内应形成相互帮助、相互监督、相互保障安全的工作氛围，个人不私自脱离团队，不擅自违背工作原则，服从安全管理要求，把安全放在第一位。

3. 规范操作

树立安全意识，最重要的一点就是严格执行安全操作规程，执行安全操作不打折扣、不变样，坚决杜绝习惯性违规操作。特别是野外监测工作环境复杂，监测工作内容涉及的范围较广，涉水、爬山、登高、用电、行车、行船等，会遇到雷雨、低温、高温的天气，还会用到各种化学试剂，监测人员的行为和仪器的使用都需要用规范的操作流程和严格的安全管理要求来约束，应形成一套监督管理体系，全面加强安全管理力度。

4. 安全第一

由于个人体质、野外监测现场的情况不同，实际工作过程中发生的状况也各不相同，在不违反环境监测规范和安全操作规程的前提下，野外监测人员应根据实际情况对工作流程、工作强度、工作时间做出相应的调整，以准确的判断力保障人员、设备的安全。例如，行车司机身体出现不适时，应立即停止行车，及时休息或就医；患有心脏病、呼吸系统、消化系统等疾病的监测人员在工作过程中身体如有异常，应停止工作，及时汇报，提前撤离工作现场，必要时要到附近的医院就医；遇上突发雷电天气时，应立即停止工作，并从高处撤下，尽量避开山脊、开阔地、峭壁和高树；雨雪刚停止时，不要急于开展工作，要考察环境安全，禁止在狭隘的山道、悬崖、雪坡及其他危险地段作业和行走等。切记，做环境监测工作固然要有责任心、有过硬的技术，但人身安全应永远放在第一位。

第三章 技能篇

　　野外踏勘及采样是从事环境监测与管理的前期基础性工作，也是整个环境保护工作至关重要的部分，能否及时、安全地在野外采集所需样品、能否正确地收集样品信息及其相关数据，需要我们具备一定的野外活动技能，具备应对突发事件处理的能力，具备能熟练阅读地图、熟悉指北针的使用等传统野外采样模式。近年来，随着手持移动设备软硬件技术的快速发展，为外业踏勘采样提供了先进的技术支持，充分利用计算机软件、地理信息、定位导航等技术优势，使用 GPS、智能手机、奥维互动地图、无人机、无人船等作为辅助工具进行工作，在位置查找、信息记录、距离量测等方面为野外采样工作提供了便利，实现了工作效率的提升，同时节约了项目设计的成本。

　　这里我们对几种常用且技术要求较高的野外活动技能进行介绍。

第一节　学会使用地图

　　传统的野外采样工作多为外业人员依靠纸质地图寻找调查地点，依赖专业测绘仪器进行测量，采集到的数据记录在纸质介质上，外业踏勘采样结束后，再将信息通过编辑标注在电子地图上。这就需要我们能熟练地阅读和使用地图。

　　地图是我们日常生活中不可缺少的一种工具，如县、市、全球地图等，然而我们从事野外工作，需要的地图是等高线图，它能显示地表的各种地形，如高山、河流、悬崖、坡形、高程、桥梁、村镇等，为我们正确选择方向、道路提供依据。购买等高线地图必须看清楚是否包括我们计划作业的区域，有时必须购买并拼凑两张到四张地图以满足用图需要。为了保存原图，一般情况下不将原版地图带至野外，避免遗失或损坏，必要时，我们需要学会制作简单工作用图。制作野外工作用图的步骤是：①优先将计划作业区域的地图影印并重新拼贴；②详阅地图，分辨主、支棱线（即两座山峰相连的线）、溪流、坡度、悬崖、崩壁等地形特征；③用不同颜色的荧光笔绘出主棱线、溪流、标示预定路线和宿营地；④利用透明胶带将地图与活动预定行程计划书完全黏合密封，携带方便且有防水功能。

1. 阅读地图

等高线地图就是将地理海拔高度相同的点连成一环线直接投影到平面成水平曲线，不同高度的环线不会相交，除非地表显示悬崖或峭壁才能使某处线条太密集而出现重叠现象，在地表曲线平坦开阔的山坡，曲线间距就相当宽，基准线以海平面的平均海潮位线为准。由底到顶，高度相等，水平切开，垂直投影，根据等高线不同的弯曲形态，可以判读出地表形态的一般状况。地图下方有制作标示说明，方便使用，一般情况下图示主要有方位比例尺、图号、图例与图幅接合表等（图3-1）。

（1）方位

绝大多数地图的方位都是上北、下南、左西、右东，认清这点很重要。只有少数特制地图（如厂区、少数城市等）是按特定情况绘制的，但应标有方向标。

（2）比例尺

地图必须标示的符号，它显示地表实际距离与地图距离的比例关系，如1：100 000的地图表示1 cm计实际距离1 km，1：50 000的地图表示1 cm计实际距离500 m，对于不同比例地图与实际距离的精确度而言，小比例尺的精确度较高。这里实例介绍距离换算的两种方法。

例如，1：X万地形图换算：

方法一：用（10/X）去除，除得千米数。如在1：2 5000万的地形图上，量得某段线长为8 cm，求相应的实际距离为多少千米？根据换算：8/（10/2.5）=2 km，相应的实地距离为2 km。

方法二：用（10/X）去乘，乘得千米数。如已知从王村到梁屯实际距离为12 km，求在1：50 000地图上为多少厘米？根据换算：12×（10/5）=24 cm，在1：50 000的地形图中，每2 cm为实地距离1 km。

（3）图号

代表地图的编号，不同比例的地图代号不一样，它以经纬度为单位制图，这样即使是必须拼接的地图，每幅地图也能紧密接合。地图符号颜色统一为：绿色为林地，蓝色为水，棕色为地貌、公路，其他符号都用黑色。

（4）图例

说明各种符号的意义，三角点、崩壁、河流、湖泊与坡度等在识图时一定要注意领会。

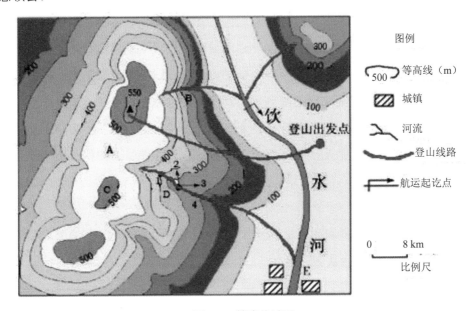

图3-1　等高线地图

2. 等高线判读

（1）等高线的种类

绘制地图的线条有粗细两种，主要是方便地图使用者阅读而设计，粗线条称计曲线并标示海拔高度，而计曲线之间距离为 0.2 cm；细曲线称首曲线，它介于计曲线之间，主要是方便分析地形。每两条计曲线之间有 4 条首曲线，5 个曲线格，那么每条线之间的距离为 0.04 cm。以 1∶50 000 地形图为例，图上的 1 cm 即为实际距离 500 m，计曲线之间距离的 0.2 cm 即是 100 m，那么首曲线实际距离即是 20 m。要注意：这里说的曲线间距离，并不是拿尺子在图上量的距离，而是根据图的比例大小表示的实际距离，曲线叠在一起就是悬崖（图 3-2、图 3-3）。

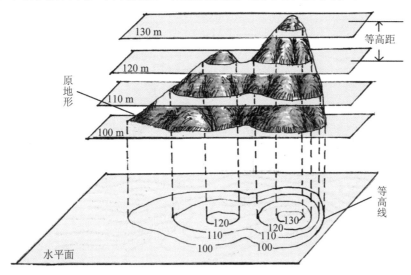

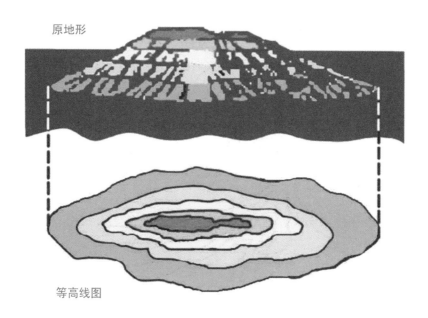

图 3-2 等高线图的绘制

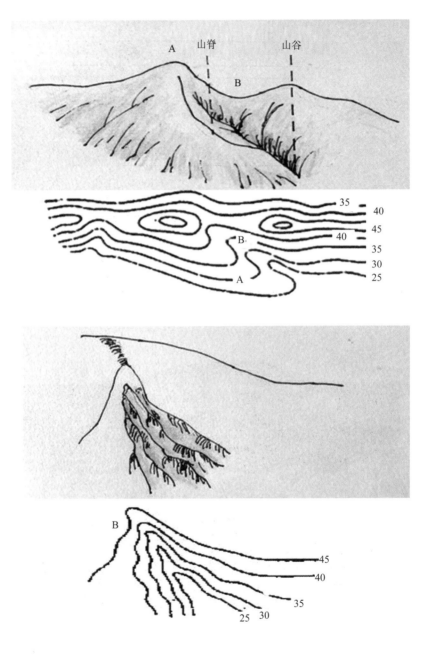

图 3-3　等高线图的判读

（2）等高线盲点

比例尺越大的地图，精密度越差，原因是曲线间实际距离太宽造成此空间的地形无法明确分辨而出现盲点，以 1∶50 000 的地图为例，每条曲线间距的实际距离为 20 m，在 20 m 的范围内没标示。

（3）数值大小

平原：海拔 200 m 以下；丘陵：海拔 500 m 以下，相对高度小于 100 m；山地：海拔 500 m 以上，相对高度大于 100 m；高原：海拔高度大，相对高度小，等高线在边缘十分密集，而顶部明显稀疏。

（4）坡度

坡度是等高线地图最易辨识的地形，曲线之间间距越窄，坡度越陡，曲线之间间距越宽，坡度越缓。山峰之间曲线间距均匀表示该地段为等坡，若上方的间距小于下方间距，表示该地段为凹形坡，反之则为凸形（图 3-4）。

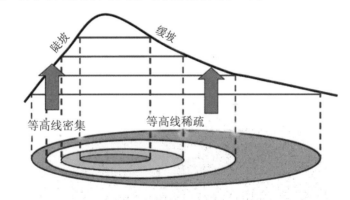

图 3-4　坡度的识别

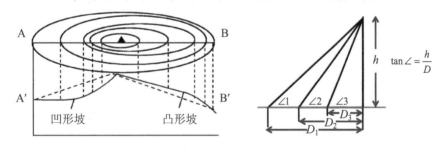

图 3-5　坡度的计算

坡度用三角法计算（图 3-5），公式：α（坡度）=arc tan（垂直距离/水平距离）。以 1：50 000 地图为例，其坡度是实际距离与曲线间距的关系。坡度、坡面状况与行进难易程度：1°～5°平缓山坡车行容易；5°～15°缓山坡步行容易；15°～25°半急山坡能步行；25°～35°急山坡能攀登；35°～45°峻急山坡能攀登；45°～90°峭壁、断崖须借助器材攀登。以 1：50 000 地图表示坡度、实际距离与地图的关系，垂直距离为 30 m，水平距离为 20 m，根据三角函数计算坡度为：α（坡度）= arc tan（30 m/20 m）=56°。

（5）地形分析

需要了解等高线反映的几种典型地形地貌，才能够看懂等高线地形图。①山顶：等高线闭合，且数值从中心向四周逐渐降低；②盆地或洼地：等高线闭合，且数值从中心向四周逐渐升高；如果没有数值注记，可根据示坡线垂直于等高线的短线来判断；③山脊：等高线凸出部分指向海拔较低处，等高线从高往低突，就是山脊；④山谷：等高线凸出部分指向海拔较高处，等高线从低往高突，就是山谷；⑤鞍部：正对的两山脊或山谷等高线之间的空白部分；⑥缓坡与陡坡及陡崖：等高线重合处为悬崖，等高线越密集，地形越陡峭，等高线越稀疏，坡度越舒缓。图 3-6 为野外山地实景，等高线图与实际图的对照及识图分析地形见图 3-7、图 3-8。

图 3-6　野外山地实景图

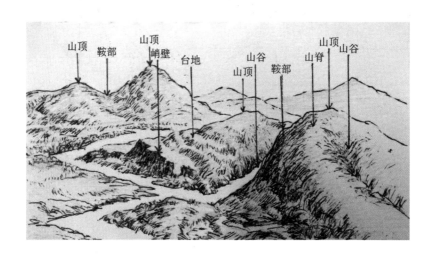

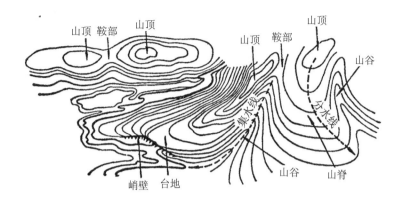

图 3-7　等高线图与实际图的对照

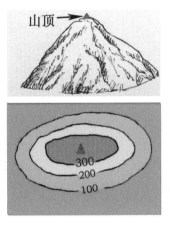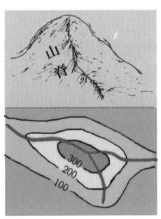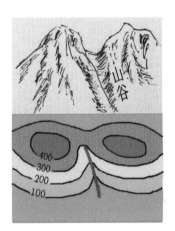

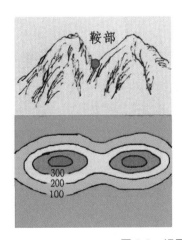

图 3-8　识图分析地形

3. 看地图口诀

（1）地图方位

上北下南，左西右东。

（2）地图符号颜色识别

绿为林地蓝为水，地貌、公路为棕色，其他符号都用黑。

（3）等高线显示地貌特点

等高闭合是规律，弯曲形状像现地，线多山高线少低，坡陡线密坡缓稀。

（4）等高线显示地貌原理

由底到顶，高度相等，水平切开，垂直投影。

（5）地貌识别

山顶凹地小环圈，区别要看示坡线；

山顶短线向外指，凹地短线向里边。

山脊曲线向外凸，山谷曲线向里弯；

山脊凸棱分水线，山谷凹底合水线。

两山相连叫鞍部，高低两组等高线；

群山相连最高处，棱线称为山脊线。

（6）地形起伏判定

总观地貌形态，辨明各处高低；区分上坡下坡，沿线编号注记。

（7）四种地形地物分布规律

山成群，形似脉，小山多在大山内；先抓大山做骨干，记了这脉记那脉。上游窄，下游宽，多条小河汇大川；河名顺着河边写，流向流速看注记；桥梁渡口有几处，深度底质要熟悉。

（8）量读距离方法

地图比例先搞清，计算消去两个零；若要求出未知数，图上用除实地乘。

（9）比例尺量读方法

图上量，尺上比；看分划，读距离。

第二节　学会使用指北针

指北针是一种用于指示方向的工具，广泛应用于各种方向判读，野外探险、地图阅读等领域（图3-9）。它的基本原理是利用地球磁场作用，指示北方方位，必须配合地图寻求相对位置才能明了自己身处的位置。

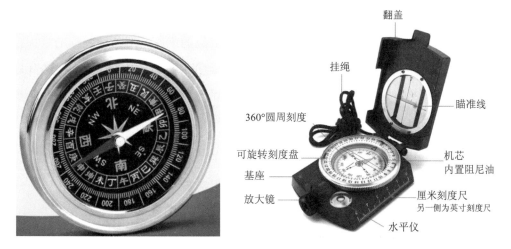

图 3-9　各式指北针

1. 指北针归零作业

指北针归零作业是使用森林指北针相当重要的前置作业，使用步骤：①将指北针水平放置；②将环外的北方零刻度与环内的指针指示北方的位置重叠，如此操作后即完成指北针归零作业。

2. 精准度测试

将指北针放在水平位置，下面垫一张白纸，待指针稳定后用直线 a 标记指针方向，在同一水平面上随意旋转指北针，待指针再次静止后，用直线 b 标记指针方向，观察两次标记的直线，若直线 a、b 互相平行，则说明该款指南针精准度较高，反之，需要检查周围的环境中是否有磁干扰，排除干扰后再试。

3. 使用功能

（1）指向功能

水平放置指北针，当水平仪的气泡在红圈中央时，表明该指北针处于水平状态静止后，表盘内的绿色箭头指向正北，指针相反方向即为正南。

（2）目标方位角测量

水平放置指北针，使镜盖与指南针底盘垂直，透过瞄准缺口将瞄准线对准观察物体待境内度盘稳定后，通过透镜读出红线所对应的刻度，即为该物体的目标方位角度数。测量目标方位角时，使地图方格北（地图指示北方）与现场的北方（地球北极）保持平行，然后将指北针红色进行线对准目标地，读出目标与方格北角度并校正地图方位偏差角，即为目标方位角（图 3-10）。当我们使用指北针指示自身位置再对照地图就能很快知道身处何地，且知道下一步往何方向去以及周围的地形变化。

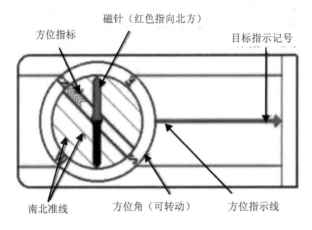

图 3-10　目标方位角的测量

量测方法：将指北针上目标指示记号指向所需测量的目标物位置；然后调整方位盘使方位指标号指针红色部分重叠；读取方位盘上位于方位指示线处的角度；所得的角度为方位角，如 25°、176°。

目标偏向角测量：对已知物体定位后，记下方位角度数。同理，再次移动指北针对准另一目标物体，读取方位角度数，两次测量的度数差值即为偏向角。

目标定位：运用指北针的主要目的就是要结合地图了解自己与目的地之间的相关位置及周围地形变化，常用定向线交会法测定目的地位置，并将其标示于地图。

定向线交会法。此种方法是利用两个地图已知点各自测量另一地图之未知点的目标方位角，两目标方位角之延伸线必交会于此未知点。

指北针探知所在位置的具体步骤：

①使实际地形和地图方向一致；

②在图上找出两个可看出的目标物；

③将指南针的进行线（或长边）朝向其中的一个目标物；

④找到圆圈配合箭号和指（北）针相吻合；

⑤不改变圆圈的方向将其放在地图北方位置；

⑥指北针长边的尖端吻合地图上的目标物；

⑦在圆圈箭号和磁北线延线画一条直线；

⑧针对另一目标依照同样的方法进行，两条线的交错处即是现在所在位置。

例如，当我们看到远处一座不知名的山峰且欲了解山峰的确切位置，我们就可以利用此方法。首先使实际地形和地图方向一致，在地图标示自己身处的位置点（A 点），同时测量此未知峰（C 点）的目标方位角，然后行进一段路程到达另一处可标示于地图的已知点（B 点）并测量此未知峰的目标方位角，最后将两条目标方位角的延伸线绘制于地图位置点就可以划出两线交会点，即未知峰（C 点）。反之，在迷失方向时，也可以选择两个能明确标示于地图的目标点（A、B 点），依照同样的方法进行方位角的测量，标示于地图上，两条线的交错处即是现在所在位置。

（3）探知前进的方向

结合地图使用指北针，将地图和实际地形的方位一致，探知现在所在的地点和寻找的目的地的方位，具体步骤如下：

①使连接目前位置和目的地的直线吻合指北针的进行线（长边）；

②圆圈的箭号和磁北线平行（箭号在地图的上边部分）；

③将指北针从地图上拿开，放在身体前面；

④扭转身体直到箭头和指针重叠；

⑤再重叠进行线的方向就是地图的目标方向。

指北针是从事野外活动不可缺少的工具，它的基本功能是利用地球磁场作用，指示北方方位。指北针使用注意事项：指北针工作时务必水平放置；为避免磁针发生错乱，使用和存放时请不要靠近铁磁性物质，如铁丝网、高压线等，并且与含有磁性的物体保持一定距离，如发电机、音响、磁铁等，以免损耗磁性；不要在阳光下暴晒，会减弱磁针的磁性。

第三节　学会使用导航工具

全球卫星定位系统（Global Positioning System，GPS）是利用定位卫星，在全球范围内实时进行定位、导航的系统。GPS 是由美国研制建立的一种具有全方位、全天候、全时段、高精度的卫星导航系统，能为全球用户提供低成本、高精度的三维位置、速度和精确定时等导航信息，是卫星通信技术在导航领域的应用典范，它极大地提高了地球社会的信息化水平，有力地推动了数字经济的发展。全球卫星导航系统（the Global Navigation Satellite System，GNSS），也称为全球导航卫星系统，是能在地球表面或近地空间的任何地点为用户提供全天候的三维坐标和速度以及时间信息的空基无线电导航定位系统。目前 GNSS 已被广泛应用于交通、环保、测绘、农业等许多行业。GNSS 的所有应用领域都是基于定位或从定位延伸出去的，主要包括：目标定位、运动导航，轨迹记录、周边信息查询等，为人类带来了巨大的社会和经济效益。GNSS 技术在环境保护与监测中发挥着重要作用，其精确定位、现场记录等优点，是野外环境质量调查采样不可缺少的基础条件。常见系统有美国 GPS、俄罗斯 GLONASS、欧盟 GALILEO 和我国北斗卫星导航系统 BDS 四大卫星导航系统。GPS 是最早也是现阶段技术最完善的系统，近年来随着 BDS 在亚太地区的全面服务开启，其在民用领域发展越来越快。

1. GPS 手持机

GPS 手持机作为野外定位的最佳工具，在野外工作中有广泛的应用，支持传统手持机航点、航线和航迹记录、编辑等操作，提升了数据存储上限，其具有专业的面积测量功能，适合不同的测量对象，有效提高测量面积精度。相比依靠纸质地图寻找调查地点，依赖专业测绘仪器进行测量的传统方式，GPS 在开阔的户外打开就能使用，并且能精确定位、导航、记录航迹等，大大提高了工作效率（图 3-11）。

下面介绍一下 GPS 手持机的主要功能。

图 3-11 各式 GPS 手持机

（1）定位功能

定位：测出一个点的位置坐标。户外打开 GPS，当 GPS 能够收到 4 颗及以上卫星的信号时，它能自动计算出本地的三维坐标：经度、纬度、高度，若只能收到 3 颗卫星的信号，它只能计算出二维坐标：经度和纬度，这时它可能还会显示高度数据，但此项数据是无效的。视接收到卫星信号的多少和强弱决定 GPS 的水平精度，接收到的信号越多、越强，则精度越高，可达到 2～10 m，反之，精度越低。

（2）导航功能

①路标（Landmark or Waypoint）。

路标是 GPS 内存中保存的一个点的坐标值。在有 GPS 信号时，按一下 MARK（标记）键，就会把当前点记成一个路标，可以将其命名为我们需要的名字，还可以给它选定一个图标。路标是 GPS 数据核心，它是构成路线（ROUTE）的基础，标记路标是 GPS 的主要功能之一，也可以从地图上读出一个地点的坐标，手动输入 GPS，成为一个路标。一个路标将来可以用于 GOTO（走向）功能的目标，也可以作为一个支点选进一条路线 ROUTE。一般 GPS 能记录 500 个或以上的路标。

②路线（ROUTE）。

路线是 GPS 内存中存储的一组数据，包括一个起点和一个终点的坐标，还可以包括若干中间点的坐标，每两个坐标点之间的线段叫一条腿（leg），GPS 都有计算两坐标点距离的功能，可给出两个坐标间的精确距离，即每条腿的长度。常见 GPS 能存储 20 条线路，每条线路 30 条腿。各坐标点可以从现有路标中选择，或手动输入目的地坐标数值，输入的路点同时作为一个路标保存。实际上一条路线的所有点都是对某个路标的引用，比如你在路标菜单下改变一个路标的名字或坐标，如果某条路线使用了它，你会发现这条线路也发生了同样的变化。

③前进方向（Heading）。

由于 GPS 没有指北针的功能，静止不动时不能指明方向。只有动起来，它才能知道自己的运动方向。GPS 每隔一秒更新一次当前地点信息，前后两次的位置一比较，就可以知道前进的方向，而并非 GPS 的指向功能。不同 GPS 前进方向的算法是不同的，基本上是最近若干秒的前进方向，除非你已经走了一段并仍然在走直线，否则前进方向是不准确的，尤其是在拐弯的时候数值不停变化。同理，根据最近一段的位移和时间计算，GPS 一般还同时显示前进的平均速度。

④导向（Bearing）。

设定走向（GOTO）目标。走向目标的设定可以按 GOTO 键，然后从列表中选择一个路标或输入目的地坐标，导向功能将由我的位置导向此路标或目的地。如果设定有活跃路线，那么导向的点是路线中第一个路点，每到达一个路点后，自动指到下一个路点。GPS 根据当前位置，计算出导向目标对你的方向角，以与前进方向相同的角度值显示，同时显示离目标的距离等信息。读出导向方向，按此方向前进，即可走到目的地。有些 GPS 把前进方向和导向功能结合起来，只要用 GPS 的前端指向前进方向，就会有一个指针箭头指向前进方向和目标方向的偏角，跟着这个箭头就能找到目标。

（3）航迹记录

GPS 每秒更新一次坐标信息，所以可以记载自己的运动轨迹，即足迹线（Plot trail）。一般 GPS 能记录 1 024 个以上的足迹点，在一个专用页面上，以可调比例尺显示移动轨迹。足迹点的采集有自动和定时两种方式，自动采集由 GPS 自动决定足迹点的采样方式，一般只记录方向转折点，长距离直线行走时不记点；定时采样可以设定采集时间间隔，例如，30 s、1 min 或其他时间，每隔一段时间记一个足迹点。在足迹线页面上可以清楚地看到自己足迹的水平投影。可以开始记录、停止记录、设置方式或清空航迹记录。大部分 GPS 可以使用"回溯"（TRACE BACK）功能，它会把足迹线转化为一条"路线"（ROUTE），路点的选择是由 GPS 内部程序完成的，一般是选用足迹线上大的转折点。同时，把此路线激活为活动路线，用户即可按导向功能原路返回。要注意的是回溯功能一般会把回溯路线放进某一默认路线中，对于不同 GPS，在使用前要先检查此线路是否已有数据，若有，要先用拷贝功能复制到另一条空线路中去，以免覆盖。回溯路线上的各路点用系统默认的临时名字，如 T001。有的 GPS 定第二条回溯路线时会重用这些名字，这时即使你已经把旧的路线做了拷贝，由于路点引用的名字被重用了，所以路线也会改变，不是原来的那条回溯路线。应仔细阅读 GPS 的使用说明书，有必要的话，对于需要长期保存的 TRACEBACK 路线，要拷贝到空闲路线，并重命名所有路点的名字。

（4）测量面积

打开 GPS，进入面积测量仪，按开始之后，将仪器拿在手上或放在口袋里都可以，绕要测的地块走一圈按停止，通过 GPS 的精确计算功能，就可以直接显示面积、折合多少亩、长度等信息。GPS 测量面积的注意事项：①测量面积不能过小，建议测量 100 m×100 m 以上的区域，其面积精度可达 5%以内；②尽量不要测量有围墙或者搜星情况较差的区域面积，否则会影响测量的结果；③每次求面积之前，删除以前的航迹，使面积数值归零；④测量面积的航迹或航线不可以出现交叉；⑤测量到的面积是投影到平面的面积，而不是坡地或洼地的表面积。

（5）与电脑通信

使用 GPS 管理系统软件，选择正确的 COM 端口，通过 USB 端口将 GPS 手持机数据导入电脑中，保存统一规定格式的数据文件名，方便查找。如单位代码（名称）+两位机器编号+两位月份，同时生成"Google Earth"数据文件。单纯的 GPS 系统实用价值受到限制，在实际应用中，GPS 系统往往与 GIS 系统相结合，将 GPS 系统与免费的"Google Earth"电子卫星地图系统相结合，利用 GPS 系统中的经纬度和时间信息，在电子卫星地图中显示航点信息，使野外工作情况更直观，可以将地形图扫描后贴图到 Google Earth 中，从而更清楚地看到外业人员所到的地点、踏勘采样及巡检是否到位等。

（6）应用结果

在环境保护野外踏勘采样工作中，传统方式需要大量人力去监督检查，定期检查只是抽查部分采样点，无法证明采样小组及质量监督人员是否到位等。使用 GPS 后，采样人员每次野外踏勘完成后只需将 GPS 数据及相关采样照片导入管理者电脑中，质量监督管理人员就可了解每一个野外采样工作的到位情况和行进路线及工作强度等信息，GPS 定位应用，无形中加强了监管手段，增强了采样员的责任心，确保了数据的准确性。当发生环境应急事故、环境损害等紧急事件时，应用 GPS 定位经纬度的唯一性，外业工作人员可准确及时报告发生事件的具体位置，改变了以往报大地名和大概位置的不确定性，为环境质量管理和决策提供服务。

（7）注意事项

①GPS 能提供定位服务，但不能永远工作。这点非常重要，因为在野外会有很多种情况使 GPS 接收机停止工作，所以一定要有备用手段，纸质地图和指北针是必不可少的装备。学会使用它们也是必备的基本技能。

②GPS 能告诉我们应该向哪个方向走，但不能替我们走；能告诉我们当前的位置，但不能告诉我们周围的地形状况。在实际野外工作中，不要以为带了 GPS 不会迷路就万事大吉，在很多种情况下，你明明知道自己的位置，也知道应该向某个方向，可就是过不去，所以野外的实际经验也非常重要，GPS 只是辅助指路的手段。

③基于 GPS 系统的原理，GPS 强烈依赖于直接接收到卫星信号，一般的无线电干扰对 GPS 接机并不构成威胁，真正有威胁的是物体的遮挡。在野外环境下，对 GPS 最大的威胁是山体，其次是茂密的树干树冠，所以在野外采样行进时，GPS 也有可能无法定位，需找到开阔的环境定位、确定方向。

（8）实际事例教程

Garmin eTrex 201x 手持机 GPS 使用教程

①定位。

开机未定位时，信息栏只显示右侧的卫星分布图，完成定位后，左侧出现当前位置的坐标、所选用的卫星系统及估计误差值、海拔高度（图 3-12）。

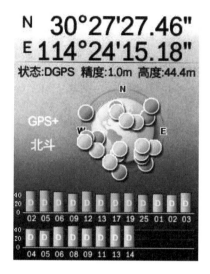

图 3-12　GPS 手持机定位状态

②航点位置信息的标定与管理。

GPS 手持机航点信息见图 3-13。

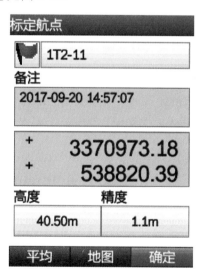

图 3-13　GPS 手持机航点信息

到达采样位置后，使用现场标定功能标定航点，当机器开机定位完成后，使用者可在主菜单页中点选"标定航点"，即会保存当前位置污染点的坐标，本机会自动编辑污染点编号（从 001 开始编号）；为了方便使用者管理所储存的采样点，Garmin eTrex 201x 手持机也将"航点管理"选项独立在主菜单页面中，无论是要前往航点或是修改删除，都能由此直接操作，航点信息会以清单方式排列。在航点列表页面按菜单键有 3 个选择项，分别是：

拼写查找：输入关键字对航点进行筛选；

指定搜索中心：可设置一个中心点来查看该位置附近的航点，中心点可以是最近查找记录中的某一点、航点、当前位置或是地图上某一位置；

删除所有：经过确认之后可以快速删除所有航点。

当点击某一航点之后可进入航点浏览页面，可通过摇杆按钮选中相应的栏位对航点进行编辑，在此页面下按菜单键会有多个选项可供选择，分别是：

删除：经过确认后可删除此航点；

位置平均：使用位置平均的方法重新将该航点位置定位到当前位置，若该位置离当前位置较远，则会弹出询问提示；

投影航点：使用投影航点法将该航点的位置移动到投影计算后的位置；

移动航点：可在地图上重新选择一个位置将该航点移动过去；

寻找附近：以该航点为中心搜索附近的航点、照片、航线、航迹等内容；

更改参考点：修改参考点来查看该航点与参考点之间的距离；

设为警示点：可将该航点设置为警示点，并可为该警示点设置一个警示半径；

添加到航线：可将该航点加入到某一条航线的最末端；

设为当前：将该航点移至当前位置，并修改航点的坐标为当前位置坐标。

③面积测量计算。

主界面选中"面积"，快速开启测量面积功能，在卫星定位的状态，选择面积计算类型。按下屏幕上的"开始"，手持本机沿所需测量面积区域的边缘缓慢行走，即可实时看到行走所覆盖区域的面积（图 3-14）。行走过程中按下"计算"即可看到当前面积及长度计算的结果，此时可选择"暂停"或"完成"：航迹管理—当前航迹—保存当前航迹，就会把你从开始定位到终点走过的路记录下来。

④使用桌面端软件 BaseCamp 导出数据。

第一步：将 Garmin eTrex 201x 手持机连接到电脑上，进入移动磁盘模式；打开 BaseCamp 软件，读取航点、航迹、航线和地图等信息。

第二步：航点、航迹和航线等信息显示在下方的"数据显示区"，可通过数据显示区下方的动作按钮筛选数据，快速切换航点、航迹、照片所有数据、航线、卫星图等项目。

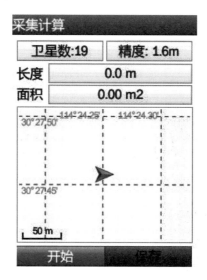

图 3-14　面积测量计算

第三步：在"数据显示区域"选择了某一项目之后会在"地图区"进行显示。在"数据显示区"用鼠标双击某一项目之后会进入到编辑状态，可对该项目进行编辑，若要删除某一项目，可直接在该项目上点击鼠标右键选择"删除"即可。

注意：当手持机处于连接状态下，在 BaseCamp 上所进行的修改、删除等操作会直接影响机器内部的数据，删除操作将不可恢复。

第四步：在 BaseCamp 上选择"文件"→"导出"可选择导出全部数据或导出所选中的数据，选择之后可将档案另存到电脑上，可选择另存为 gdb 和 gpx 两种格式，两种格式可相互转换。

2. GPS 智能手机

GPS 智能手机，即具备 GPS 定位导航功能模块的智能手机或者平板电脑（图 3-15）。近年来，智能手机制造技术和系统技术高速发展，原本用来完成通话或短信的电信工具融合了大量与人们工作和生活密切相关的科学技术。集数据计算、文本编辑、网络通信、摄影摄像、定位导航等功能于一身。随着智能化移动终端的逐渐普及，智能手机的功能越发简约与强大，智能手机已经可以逐渐取代计算机、照相机与专业的 GPS 设备，同时考虑了实用性、移动性与专业性，随着智能手机应用越发广泛，给使用者带来了非常大的便利和享受。由于手机固有的网络通信技术，加之卫星定位测量技术，智能手机导航较之专业导航测量仪具有得天独厚的优势，特别是专业 GPS 移动智能终端在野外勘察采样中的广泛应用，将全面取代传统的 GPS 定位导航设备，也必将大大提高野外工作效率。

图 3-15 各式 GPS 智能手机

智能手机导航大致分为两类：第一类是通过基站网络进行粗略导航的，称为 CELLID 导航，它通过采集移动台所处的小区识别号（Cell-ID 号）以及小区的覆盖半径来确定用户的位置。这种导航技术的定位精度取决于所在小区的半径，基站密度越高，导航越精准，因为没有真正地通过卫星 GPS 导航，一般定位误差在 100 m 左右，如智能手机在室内使用该技术定位导航；第二类是 AGPS+CELLID+GPS/BDS/GLONASS 定位，这种导航最为精确，在室内默认是 CELLID 定位，在室外先利用 AGPS 搜到星图，达到快速定位，然后自动切换到 GPS/BDS/GLONASS 高精度定位并进行导航，如智能手机室外导航利用的就是这种技术。

由于设备制造成本和卫星系统成熟度的原因，目前智能手机中广泛应用的是美国的 GPS 信号，新型的高端智能移动终端开始使用 BDS 和 GLONASS。打开手机卫星定位功能，手机便可以接收到卫星信号，当接收 4 颗以上的卫星信号时，就可以得到手机的地面位置，这个位置可以展示在电子地图上，或以坐标数字的形式显示出来，测量的精度为 5～10 m。测量精度受到卫星数量、天气、环境干扰等因素的影响，卫星数量越多、周围电磁干扰越少，定位的精度越高。

在实际野外采样工作中，当前主要使用的定位设备为 GPS 手持机，但在实际应用中，由于 GPS 手持设备无法实现全员配备，通常每一个采样小组会配备一台手持机，容易影响野外采样工作的效率与质量。而在智能手机普及的大环境下，人人都可以使用 GPS 手机软件，通过精准定位、方位与距离显示等功能，在野外土壤采样中的踏勘、布点与采样工作中起到非常大的作用，能够有效地提高工作效率与工作质量，同时也不必增加额外的设备配给成本。

GPS 智能手机一般内置有 GPS 手机导航的功能模块，能通过手机下载安装一些辅助导航软件，可以更快、更便捷地辅助定位导航。

（1）GPS 手机导航的功能模块

基于 GPS 技术的手机导航系统，其主要功能模块中的精准定位、输入坐标、显示方位与距离、经过路线记录等功能在野外采样工作中较为实用。具体功能包括：①精准定位：将手机 GPS 与 AGPS（辅助全球卫星定位系统）、BDS/GLONASS 相结合，增加超强的信号模块，并建立多渠道的信号捕捉技术，快速搜索卫星，在露天环境下，定位精度可以达 5 m 以下，是野外踏勘采样工作中极为实用的精准定位功能；②输入坐标：启动导航软件如奥维互动地图、Google 卫星地图等，选择数据源，可以提供 KML 以及 GPX 两种形式的坐标数据录入功能；③显示方位与距离：利用手机 GPS 接收定位信息并读取 GPS 数据，可以提取经纬度坐标，计算两点之间的距离与方位角，部分 GPS 软件具备方位显示的功能；④当前市面上的绝大部分 GPS 软件都可以显示地形，如奥维互动地图或 Orux Maps 等，并且具备记录航迹、航点等记录功能与返航功能。

（2）网络地图数据应用

现今手机导航软件有很多，如 Google 卫星地图（Orux Maps）、百度地图、高德地图等，智能手机在联网后，以上的导航地图或卫星照片都能提供免费下载安装，在没有网络数据的野外，可以通过数据包离线下载直接应用于智能手机 GPS 导航，智能手机应用 GPS 定位导航所产生的导航数据，可以产生 KML 与 GPX 相应格式的数据，并将不同格式的数据进行直接输出，在输出航迹数据时，可以便捷地进行存储目录的重新命名及设定。

智能手机集手机、计算机、照相机、GPS 定位导航等专业设备于一体，且小巧灵便，十分适用于野外工作，在踏勘采样中，运用基于 GPS 功能的智能手机导航功能，可以在拍摄照片的同时进行地理信息的记录与储存，并对所采集的数据信息进行分析与处理，在野外工作效果十分明显。

"GPS 状态"是一款 GPS 状态查询软件，该款软件支持显示 GPS 和传感器数据，可以查看经纬度、海拔高度、方位、俯仰角、速度、卫星的位置和信号强度；支持重置和下载 A-GPS 辅助数据，能够加速搜星和定位速度（图 3-16），在室内或者没有 GPS 信号的地方可以通过 A-GPS 辅助获取位置信息，有 GPS 信号后，能自动发现卫星、连接卫星，并且该款软件具备指南针、磁力计、水平仪、电池状态检测、环境光测量、支持位置信息分享等功能，能轻轻松松地掌握位置信息。

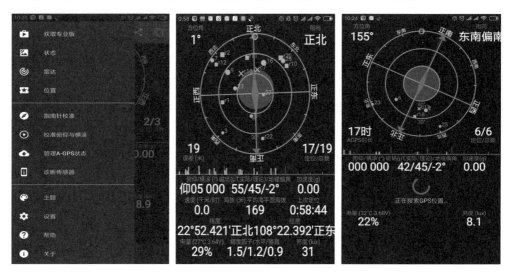

图 3-16　GPS 智能手机定位

以集思宝 A5 为例，介绍其在野外定点采样实际运用中的操作流程：

①打开 mobile gis 软件。

②新建工程项目名称。轻触当前项目名称，如图 3-17 所示，点击"新建工程"，进行新建工程。

③搜星情况查看，把 A5 带到相对空旷的地方，等待 20～30 s，如图 3-18 所示，左下第三个图标显示定位无效，需要继续等待直到搜星完成，如显示卫星颗数，则表明已经定位。

图 3-17 新建工程项目名称

图 3-18 搜星情况查看页面

④采样点坐标采集。轻触开始键，坐标开始采集，再次轻触该键，采集结束，在图标选择栏可以修改点坐标的样式以及该点名称（图 3-19）。

图 3-19　采样点坐标采集

⑤拍照。轻点拍照键，就可以对环保污染点进行全方位拍照。拍照完成后，点击"√"键，表示拍照完成。

⑥菜单键的使用，轻点右上角菜单键，弹出如下对话框，再次轻点菜单键，可以退出菜单的选择。

⑦所有工作完成后，就可以轻点保存键，该点保存完毕。

⑧面积测量。点击面采集，轻点开始，然后就开始围绕被监测区域面积的边界走动，走完后随即得出面积，再次轻点该键，面积采集完毕。拍照和菜单键各点采集方法一致（图 3-20）。

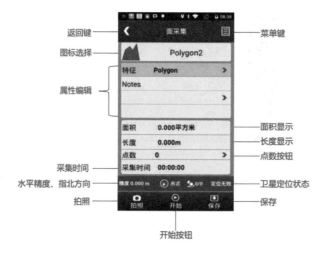

图 3-20　面采集功能

⑨采样点的导航。轻触导航键，在目标点输入坐标位置，然后点击"开始导航"，也可以在地图上选点或者根据以前采集的点位进行导航（图3-21）。

图 3-21　目标导航功能

⑩地图采集。轻点地图菜单，进入如下菜单。根据采集需要，点击点线面采集图标，进行采集（图3-22）。点击普通地图和谷歌地图，可以进行地图的切换。

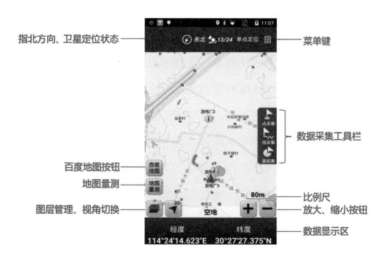

图 3-22　地图采集功能

⑪数据查看。轻点左边已存数据查询按钮，就可以查看监测点坐标以及面积数据（图3-23）。

图 3-23　数据查询功能

3. 奥维互动地图

奥维互动地图是由北京元生华网公司开发的跨平台、多功能地图浏览应用系统，目前已知的 Google、百度、搜狗等地图都已被兼容，适合多平台应用，如目前流行的手机终端系统（苹果和安卓）、Windows 等平台。奥维互动地图浏览器具有以下常用功能：支持并可任意选择多种知名地图数据资源，也可根据需要添加其他自定义地图；支持多种坐标系，如经纬度坐标系及各种平面坐标系；可离线使用地图数据（如下载、删除、导入、导出等）；丰富的信息检索；能随时测量距离、面积、转角；自绘地图（包括标签、文字、轨迹、图形和 CAD）；位置分享及位置跟随、记录功能等。利用奥维互动地图软件中的导入功能，可以将 dxf 格式文件的项目总体布局图整体导入奥维互动地图中，并将生成的 kml 文件导入智能手机中，将其与野外踏勘工作项目结合，使踏勘工作更为方便和安全，不仅消除了人工图纸作业的繁琐，而且使踏勘路线的选择更合理，踏勘工作更为高效，能将踏勘过程中的一些情况直观地反映在地图上。总之，它改变了以往野外踏勘的工作模式。

奥维互动地图数据导入：在前期数据准备充分后，要将部署的土壤样点与奥维互动地图关联起来，因手机版奥维互动地图只能够读取 ovobj 或 gpx 格式文件，需要进行数据转换及导入工作。

（1）转换坐标系

在奥维互动地图浏览器中打开【系统设置】按钮，选择系统坐标系为："关联点转换坐标系"。点击【设置】按钮，弹出"自定义坐标转换"设置窗口。点击【新建方案】按钮，弹出"关联点管理"窗口，点击【添加】按钮，弹出"关联点"设置窗口。点击【选择标签】按钮，选择刚刚添加的关联点标签，系统自动填写关联点的名称、经纬度、CAD坐标值。勾选所添加的关联点，点击【保存方案】，弹出"关联点方案"命名保存窗口。点击【保存】回到"自定义坐标转换"设置窗口，点击【确定】将当前方案对应到关联点转换坐标系中，再在"系统设置"页面点击【确定】，将关联点转换坐标系设为系统坐标系（图3-24）。

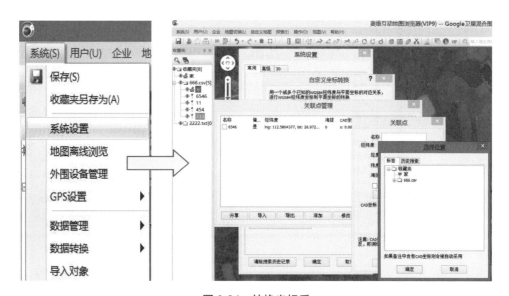

图 3-24　转换坐标系

（2）文件导入及导出

在前期数据准备充分后，要将部署的土壤样点与奥维互动地图关联起来，需要进行数据转换及导入工作。奥维互动地图支持导入的外部数据类型有多种，常见的包括 Gpx、Kml、Dxf、Dwg、Txt、Csv、Shp 等（图3-25）。

打开：【系统—导入对象】按钮，打开已另存为 dxf 格式（CAD 文件）、TXT格式（TXT 文件）、CSV 格式（Excel 文件）等文件。点击【开始解析】按钮，弹出"导入对象"对话框，点击导入，最终提示导入成功。打开：【系统—导出对象】

菜单。在收藏夹中该工程文件处点击右键，点击【导出】。在导出设置中选择 ovobj
或 gpx 格式文件，点击导出另存为相应工程文件，将该文件导入手机后即可在现场
勘查采样中使用。

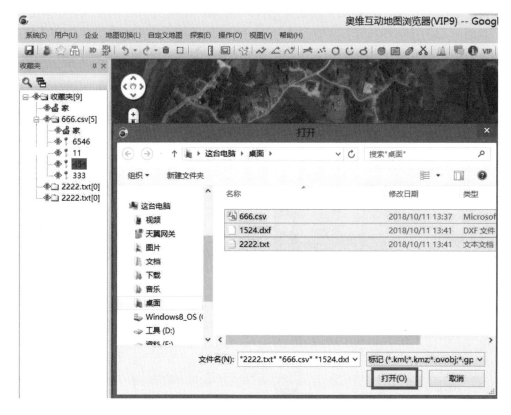

图 3-25　不同格式的文件导入

为避免在线使用地图耗费巨大网络流量以及项目区很可能出现没有移动通信信
号的情况，建议在进行外业踏勘前用 Wi-Fi 将项目所在地的地图及卫星影像图下载
到移动终端，在进行外业踏勘采样时使用离线地图模式进行工作。奥维互动地图手
机客户端与其他手机地图一样，具有实时导航功能（图 3-26）。将预布样点*.ovobj 或
*.gpx 格式文件导入奥维互动地图手机客户端，开启手机导航模式，无须携带地形
图，即可迅速找到布样点，可节约大量的工作时间。

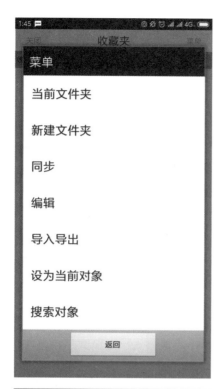
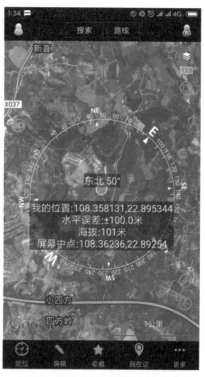

图 3-26　奥维互动地图手机客户端使用图解

第四节　无人机、无人船的应用

在传统的区域环境监测中，监测人员携带设备于野外工作，对于地势较为复杂的环境，一般采用徒步的方式进行。但随着科学技术的进步和社会经济的发展，国家层面对生态环境监管力度不断加强，生态环境监测工作也相应有了新的变化。一方面，区域环境监测业务范围不断拓宽，区域监测项目和内容等不断增加；另一方面，监测任务日益繁重，对监测手段、方法和技术的要求越来越高。而无人机、无人船技术飞速发展，大大促进了环境监测技术的发展，有利于满足社会各部门对环境监测工作的需求。

无人机、无人船技术现已广泛应用于军事、农业、生态环境、地质和气象等领域，在山地、林地的信息勘察和在湖泊、水库、江流河域、海洋的水下探测中的应用尤为突出。无人机、无人船技术的出现，使环境监测工作更加安全、高效、覆盖面更广，不仅解决了复杂条件下的区域环境监测问题，充分利用现代信息技术的积累与优势，更大大提高了对区域环境实时监测的稳定性和可靠性，保障了野外监测人员的安全。

今后无人机、无人船领域的技术还会不断发展、不断完善，从减轻人力、不断扩大监测范围、加强监测人员安全防护的角度看，这些技术的应用将是非常有前景、对工作非常有利的。

（1）无人机

通常情况下，无人机航测系统可以分为以下两种：一是在无人机飞行器的基础上布设高清摄像机或监测探头，在地面进行无人机飞行操作，不仅可以实时调整飞行器的飞行姿态，同时也可以实现对实物目标或目标地点的确认和拍摄，甚至可以监测人员难以到达区域的环境数据；二是高清民用摄像机系统，该系统的应用范围较为广泛，主要安装于无人机内部，其严密性和精准性符合相关标准规范，可以在最短的时间内对目标进行连续拍摄，同时它还可以有效判断区域的地理环境特征，可进行 GPS 定位，同时也可以搭载监测探头提供监测数据，结合计算机相关技术软件进行数据处理。对于飞行平台而言，主要是实现对飞行器姿态的控制，使其可以更好地接近目标物或目的地；而高清民用摄像机系统才是航测系统的核心，主要实现对目标物或目的地的拍摄，这是二者最大的区别所在。应用时需要根据实际工作要求进行选择。

（2）无人船

无人船是以船模作为平台载体，基于便携式仪器创新实践的设备，一般是搭载GPS、陀螺仪、电子罗盘等传感器获取船体运动姿态信息，结合视频传感器和超声传感器所感测的水体环境信息，在自动巡航控制算法的控制下规避水面障碍物，按照设定路径，在定点位置测量水体水质，实现水质监测任务。一个好的无人船几乎能完成水体中各种环境监测工作，包括湖泊、水库、江流河域、海洋等，代替监测人员完成一些具有危险性的或是现有条件人工难以实现的野外监测工作，可满足勘察、搜集基础信息、采样、水质基本项目的分析等多方位的运用。

第五节　学会辨别方向

在野外活动中，没有地形图、指北针等设备器材的条件下，如何判定方向？这种特殊的极端情况都有可能遇到，外业工作也必须充分考虑到，并掌握替代的方法，这样就需要依靠太阳、手表、植物、星星、月亮等来辨别方向，使我们能够及时回到宿营地，避免迷失方向的困扰和危险。

1. 利用太阳辨别方向

（1）用影子端点轨迹定向

方法一：在空地上插上一根长 1 m 左右的棍子或枝条，标出此时的影子端点，15 min 后再标出新的影子端点，两个标记所在直线，即为东西线（太阳由东向西运动，影子由西向东运动），该直线的垂直线为概略南北方向，再根据季节判定南北，如 9 月份，向太阳的一面为南方，反方向为北方。此法判定方向，标杆越细、越直、越垂直于地面，影子移动距离越长，测出的方向就越准，见图 3-27。

方法二：在白纸上绘制一系列半径以 1 cm 递增的同心圆，钉在水平固定好的平板上，在圆心上垂直插上一根细钢针或针状物。随时间变化，影子的端点总会与同心圆相交，标绘出这些点，直线连接同一个圆上的两点，再把这些直线的中点与圆心相连，此连线就是南北方向线，圆弧顶方向为北方。该方法虽然较准确，但比较费时，如果方位要求无须太精确，采用方法一即可。

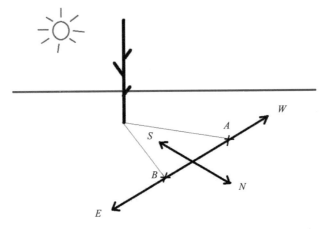

图 3-27   利用太阳辨别方向

（2）用影子端点轨迹定时

太阳由东向西移动，而影子则由西向东移动，早晨 6 时太阳从东方升起，一切物体的影子都向西方，到中午 12 时，太阳位于正南，影子便指向北方；到下午 6 时，太阳到正西，影子则指向正东方，此外，可根据影竿影子的长短来大致判定时间。

2. 利用太阳和手表辨别方向

方法一：将带指针的手表托平，表盘向上，转动手表，将时针指向太阳，这里表的时针与表盘上的 12 点形成一个夹角，这个夹角的一部分线延长的方向就是南方（图 3-28）。

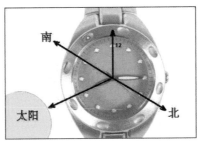

图 3-28   利用太阳与手表辨别方向

方法二：用火柴棒或直树枝竖立在地面，把手表水平地放在地面，将影子和短针重叠起来，表面 12 点方向和短针所指刻度中间是南方，另一边是北方，（图 3-29）

（注：夏天在我国北回归线以南地区，此方法不适用）。

图 3-29　利用影子与手表辨别方向

3. 利用植物辨别方向

不同地方因受阳光、气候等自然条件的影响，形成与方位有关的特征，可以利用这些特征概略判定方位。

"万物生长靠太阳"，太阳的热能在自然界还形成了许多判定方向的特征。树墩、树干及大石块南面由于阳光照射充足，草生长得高而茂盛。独立树一般南面枝叶茂密、树皮光滑，北面树叶较稀少、树皮粗糙，被砍伐后，树桩上的年轮通常是北面间隔小，南面间隔大，如图 3-30 所示。

图 3-30　利用树桩年轮辨别方向

4. 利用星星月亮辨别方向

（1）北极星定向

我国地处北半球，最为常见的方法是观察北极星，也就是大熊星座，像一个巨大的勺子，在晴朗的夜空很容易找到，从勺边的两颗星的延长线方向看去，向勺口方向延伸，约间隔其 5 倍处，有一颗较亮的星星就是北极星，即正北方（图 3-31）。

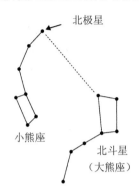

图 3-31　利用北极星辨别方向

（2）南十字星座定向

在北回归线以南地区，南十字星由 5 颗星星组成，其中最亮的 4 颗星形成一个十字。在南十字星的右下方，沿两星的连线向下延长约该两星的 4.5 倍处，就是正南方（图 3-32）。

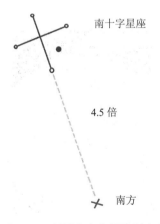

图 3-32　利用南十字星辨别方向

（3）月亮定向

如果月亮在太阳落山前升起，其发光的一侧指向西。如果月亮在后半夜升起，发光的一侧指向东。

5. 其他辨别方向的小知识

（1）密林中，岩石南面较干，而北面较湿且有青苔。

（2）桃树、松树分泌胶脂多在南面。

（3）山沟或岩石等物体积雪难以融化的部位，总是在朝北的方向。

（4）蚂蚁洞穴多在大树的南面，而且洞口朝南。

（5）自然村落一般都是集中在山的南侧，而且大门多数朝南开。

（6）古庙、古塔、祠堂等建筑物一般都是坐北朝南的。

第六节　学会山地行进技巧

在山地行进中，应力求有道路不穿林翻山，有大路不走小路，如没有道路，可选择在纵向的山梁、山脊、山腰、河流小溪边缘及树高林稀、空隙大、草丛低疏的地形上行进，力求走梁不走沟，走纵不走横。具体行进技巧如下：

（1）上山时。身体应放松并前倾，两膝自然弯曲，两腿加强后蹬力，用全脚掌或脚掌外侧着地，也可用前脚掌着地，步幅略小，步频稍快，两臂配合两腿动作协调有力地摆动，维持身体平衡。背有较重背包时，一定要使背包与背成为一体，可以利用背包的重量来维持腰部的自然平稳。保持适合的步幅和步频，切忌一会儿快、一会儿慢，合理利用手杖（图3-33）。

图 3-33　上山

（2）下山时更容易发生意外，俗话说"上山容易、下山难"，下山时身体应正直或稍后仰，膝微屈，脚跟先着地，两臂摆动幅度稍小，身体重心平稳下移。不可走得太快或奔跑，以免挫伤关节或拉伤肌肉。

（3）坡度较陡时，上下陡坡可沿"Z"字形路来降低坡度（图 3-34）。必要时，也可用半蹲、侧身或手扶地下山。

图 3-34　"Z"字形路

（4）通过滑苔和冰雪山坡时，除了用上述方法，还可使用锹、钯等工具挖掘坑、坎台阶行进，或用手脚抠、蹬、三点支撑、一点移动的方法攀援爬行。

（5）通过丛林、灌木时，应注意用手拨挡树枝，防止钩戳身体，对不熟悉的草木，不要随便攀折，以防刺伤。

（6）通过乱石浮石地段时，脚应着落在石缝或凸出部位，尽可能攀拉，脚踏牢固的树木，以协助爬进，必要时，应试探踩踏石头，以防止石块松动摔倒。

（7）攀登岩石时，基本方法是"三点固定"法，即两手一脚或两脚一手固定后再移动剩余的一手或一脚，使身体重心上移。手脚要很好地配合，避免两点同时移动，一定要稳、轻、快，根据自己的情况选择合适的距离和稳固的支点，不要跨大步和抓、蹬过远的点（图 3-35）。

图 3-35　攀登岩石

（8）绳索攀登时，两手握住绳索，使身体悬起并稍提腿；用两腿内侧夹住绳索，随着两腿夹蹬绳索；两手交替引体上移，或两手伸直直接握紧绳索，腿弯曲呈垂直状态，两手交替用力向上引体，攀至顶点（图 3-36）。

图 3-36　绳索攀登

（9）拔绳攀登是指固定绳索的上端，用脚蹬崖壁手拉绳索引体上移，攀登方法是上体稍前倾，绳索置于两腿间，两手换握绳索交替攀拉上移。同时，一只脚蹬崖壁，另一只脚上抬准备蹬崖壁，用手拉、脚蹬的合力使身体向上移动。

（10）绳索攀越是固定绳索的两端，将身体横拴在绳索上攀越山涧、小溪等障碍物的方法。横越时，两手前后握绳，腹部微收，一腿膝窝挂住绳索，使身体仰挂在绳索下面，臀部稍上提，两臂弯曲90°。前移时，后握手前移，异侧腿由下向上向内摆动，并将膝窝挂于绳上。当一腿膝窝挂上绳索时，另一腿离开绳索悬摆。两臂、两腿依次协调配合，交替向前移进（图3-37）。

图 3-37　绳索攀越

（11）撑越壕沟时，将撑杆一端插入沟底固定，并斜靠在石壁上缘约 70°。撑越时，快跑几步至握杆点投影线后，两手上下分开握紧撑杆（有力手在上）。同时，两脚快速而有力地蹬地起跳，使身体向前上方跃起并悬挂于撑杆一侧，两臂借身体向前摆动的惯性力将杆向前推移身体随杆摆过垂直面后，两腿前摆，下握手向后推撑杆，身体前倾，屈膝缓冲着地。

（12）立姿跳下时立于崖壁边缘，两腿弯曲稍分开，身体前移，两脚稍用力蹬崖壁边缘，向下跳落，以前脚掌先着地，随着屈膝缓冲。

（13）悬垂跳下时身体背向跳落方向，屈体下蹲，两手抠住崖壁边缘，身体下移，两腿依次下伸，使身体悬垂，并略向左（右）移，左（右）手下移扶壁，手脚同时推蹬崖壁转身跳下，脚掌先着地，随着屈膝缓冲。

（14）抗风姿势：两腿张开，膝盖打直，冰斧往前插入雪地，使两脚与冰斧之间成三角形，身体往下压，持冰斧之手紧握住斧刃，另一只手平贴雪面，虎口朝外并靠紧斧柄。

（15）涉水：由于光的折射，在岸上看上去河水不深（感觉不及膝盖），实际上可能没及胸部和头部，切忌凭感觉下水，待仔细观察后再确定渡河地点和方法。

第四章　安全篇

野外采样工作具有一定的特殊性和危险性。由于野外采样工作的环境差，采样人员接触各种危险因子的机会比一般人多，因此在工作中可能会遇到各种安全问题。如果不提高重视，防患于未然，可能会造成不必要的人员和财产损失。本章介绍监测人员在野外采样过程中可能遇到的安全问题，并提出相应的防范措施。

第一节　野外采样安全风险类别

在野外环境监测过程中，存在许多不确定因素，如环境、设备、人员等方面均可能会引起各类事故的发生。野外采样大多在人烟稀少、交通不便、气象复杂、环境恶劣的深山、湖泊等艰险地区。天气状况、交通运输条件、监测环境等不利因素影响野外采样工作的顺利开展，甚至对野外采样人员的生命安全造成威胁。根据事故的成因类型，可将其分为环境因素和人为因素。

1. 环境因素引起的事故

环境因素是指实施野外采样过程中的外部条件。野外采样有时需要爬山涉水，因此气象、自然地理环境、动植物的突变或持续作用是引发野外采样伤亡事故的重要因素。环境危害的表现主要有：

（1）恶劣气象条件诱发的危害。表现为雷击、洪水、坍塌、泥石流、高温中暑、低温伤害、山体滑坡、强紫外线照射和强光反射等。

（2）极端地理环境造成的危害。表现为消化道疾病、呼吸道疾病、关节炎、方向迷失、山石滚落、失足坠崖、缺少饮用水水源等。

（3）动植物造成的危害。表现为在野外采样过程中受到猛兽、毒蛇、蚊虫、毒蜂等的攻击或有害植物和疫源性微生物的接触、传染等所造成的伤害。

2. 人为因素引起的事故

人为因素主要是指由于野外工作人员思想上的麻痹大意造成工作人员、仪器设备和社会的损害，主要体现在安全意识差、安全素质低和安全措施不到位三个方面。

（1）安全意识差。安全意识就是对待工作的态度，具体表现为敏感发现危险源、重视危险源的危险性、及时消除或控制危险源。安全意识差的原因主要有以下两点：一是由于安全意识差而做的有意行为或错误行为，如酒后驾车（上岗）、受经济利益或其他原因驱使的违章指挥和违章操作；二是由于人的大脑对信息处理不当而所做的无意行为。

（2）安全素质低。表现为个人性格与工作岗位不相匹配、生理机能与工作岗位不相适应、人际关系不好、心理状态不佳、情绪不稳定、安全技能低下、不熟悉安全规程等。

（3）安全措施不到位。表现为预防事故发生的设施不完善或不到位、现场管理混乱、分工不明确、长时间疲劳工作等。

3. 设备因素导致的事故

设备因素导致的事故主要来自于仪器自身设计、使用等环节。设备非正常运行轨迹与人的不理智行为轨迹相互交叉时，往往是事故发生之时。常见的事故类型有以下几种：①设备外部尖角、锐边、凸出等造成的割伤或者擦伤等；②设备使用过程中发生漏电伤人；③化学药品，如样品保存固定剂造成的化学品腐蚀、中毒等。

第二节　野外采样高温、低温安全防护

在野外采样过程中，高温、低温对人体造成的伤害程度与采样地的气候特点有很大关系。广西气候类型多样，夏长冬短，常因季风进退失常造成气温变率大。除此之外，在高山地区开展野外采样工作时，昼夜温差大。

1. 高温伤害预防

高温天气是指地市级以上气象主管部门所属气象台站向公众发布的日最高气温35℃以上的天气。在野外采样工作中，长时间高温炙烤会造成人体缺水，甚至引起中暑，严重者导致人体严重脱水、循环衰竭等现象。

夏季采样前应注意收听当天天气预报，合理安排采样时间。日最高气温达到40℃以上，应尽量停止当日室外采样作业。气温高于37℃以上时，应当采取降温措施或避开高温期，工作尽量安排在早、晚进行。采样前个人应备足饮品和防暑降温药品，饮品可准备纯净水和含盐的清凉饮料，饮料的含盐量以 0.15%～0.2%为宜。富含盐分和矿物质的清凉饮料可补充人体所需的营养成分，而含酒精和咖啡因的饮品只会让人进一步脱水。补充水分需把握少量多次原则，并且尽量不要喝冰镇饮料，以免引发胃部的中暑性痉挛。人丹、藿香正气液、清凉油、十滴水等常见的防暑降温药对于预防中暑也有很大的作用。采样人员还需加强个体防护，应穿耐热、坚固、导热系数小、透气功能好的浅色工作服，可根据防护需要，穿戴工作帽、眼镜、手套等个人防护用品。野外采样持续时间长时，可搭设简易凉棚，作为休息场所。

2. 低温伤害预防

野外采样人员长时间暴露在低温的环境中，会造成人体热损失过多，体温下降到生理可耐限度以下，造成身体组织冻伤和冻僵。在野外工作中，海拔越高，气温越低，风速越大，高山冻伤发生率越高。缺氧适应不良者以及既往有寒冷损伤史、雷诺氏病、外周神经疾患的人员发生寒冷损伤的危险性更大。发生高山冻伤的部位以四肢和脸面为最多。初次参加工作和初次在低温环境工作的采样人员发生高山冻伤概率较高，主要原因是缺乏防护意识和防护实际经验，加之高山反应对防冻容易疏忽。在冬季开展野外采样工作时，作业前应注意收听当天天气预报，增强工作计划性，避免采样人员长时间在寒冷的户外站立不动或者等待运输车辆。尤其是在高山低温条件下开展野外采样，应采取冻伤防护措施，穿戴保暖性能好的防寒服、鞋帽、手套，注意颈部、腰部及脚部等部位的保暖。另外，可在作业部位放置干草、树枝等垫脚，使双足与地面或冰、雪隔离，减少散热。寒冷时绝对不要饮酒，饮酒虽然暂时可以造成身体发热的感觉，实际酒精使血管扩张，增加了身体的散热，导致体力衰弱。

第三节　洪水、泥石流及预防

我国幅员辽阔，地理位置西高东低，地质地貌复杂，气候类型多样，地质灾害频发，其中泥石流和洪水给广大人民群众生命及财产造成了极大的损伤。掌握预防洪水、泥石流伤害的措施是野外采样人员必备的安全防护知识。

洪水是暴雨、急剧融冰化雪、风暴潮等自然因素引起的江河湖泊水量迅速增加或水位迅猛上涨的水流现象。每年的4—9月是国内各主要河流的防汛时期。

泥石流是短时间内水流携带大量颗粒物质发生长距离快速运动的地质现象。泥石流一般发生在地质环境不良、地形陡峻的山区，由于暴雨、融雪、冰川的侵蚀，山洪携带大量泥、沙、石块等固体物质沿山涧沟谷长距离奔腾而下，发生一般是骤然的、短暂的和间歇（阵流）的。我国泥石流的分布明显受地形、地质和降水条件的控制，特别是在地形条件上表现得更为明显，主要分布于云、贵、川、藏四省区。泥石流的暴发主要是受连续降雨、暴雨尤其是特大暴雨集中降雨的激发，一般发生在多雨的夏秋季节。泥石流规模大小各异，主要取决于当地的自然条件及生态破坏程度。

防范洪水、泥石流对野外采样人员生命财产造成危害，主要以多观察、多了解掌握天气情况，及早制订应急预案措施为主。具体注意事项如下：

（1）每日出发前了解当地当天的气候情况，合理规划制订行走路线，仔细了解掌握当地的地形地貌、地表覆盖等情况，制订应急预案及安全保障措施。

（2）在夏季、秋季等易发洪水、泥石流季节，野外采样时尽可能避开洪水、泥石流易发地段，合理规划采样区域和采样时间。禁止雨前、雨后在低洼地段采样。

（3）沿山谷采样时应选择好逃生路线，一旦遭遇大雨要迅速转移到安全的高地，不要在谷底过多停留。发生洪水、泥石流时应选择最短、最安全的路径向沟谷两侧上坡或高地逃生，切忌顺着洪水、泥石流前进方向奔跑。

（4）地面植被覆盖少的山区在连降大雨后，容易暴发山洪和泥石流。雨后山谷上游若出现雷鸣般的声响，预示着将会发生洪水或泥石流，应迅速向两岸边坡方向撤离，不要停留在坡度大、土层厚的凹处。

（5）在水系发育的河床、山涧及河谷等地带采样，应当随时注意上游的情况。禁止在水系发育地带、沟道处休息及扎营。

第四节 台风、大风及预防

我国幅员辽阔，海岸线长，常年刮大风的地区较多，东南沿海及其岛屿是我国最大的风能资源区。广西地处亚热带，毗邻北部湾，每年的7—9月是台风的多发季节。遇到大风天气，可采取以下几种防护措施：

（1）野外采样人员应当提前了解当天的天气情况，随时掌握台风动态，如有必要则应停止野外采样工作。

（2）野外采样人员在大风来临时应迅速聚集，采取合理防避措施，尽量隐蔽在能彼此兼顾的避风处，远离电线杆、悬崖以及易发生倒塌、坠落等的危险地带。

（3）需要通过由于地形、地物影响形成的"风口"时应事先做好充分准备，人、车不得在"风口"停留。

（4）遇到6级及以上大风时，应停止野外采样工作，并采取相关的保护措施。

第五节 野外采样迷路、失踪及预防

无人区、山区等艰险地区经常是野外采样人员的工作区域。由于地形复杂，气候多变，道路通行及通信条件差，如缺乏通信、定位设备或者通信、定位设备失效，或突然遭遇雾天、大风、雨雪等恶劣天气等，采样人员极易迷失方向，从而造成人员迷路失踪。如若野外失踪人员无法及时发出求救信号，易导致其有生命危险。野外采样人员为防止迷路、失踪造成的危害，应当掌握迷路识途、野外维生、野外急救知识，掌握野外安全保障与应急救生装备使用技巧。除此之外，采样人员在野外工作中要遵守以下规定或注意事项：

（1）正确使用野外安全保障定位和通信设备，提高自我防范意识。

（2）在每日出发采样前明确采样地点、行走路线和返程时间。按规定的时间和路线返回营地或者乘车地点。接送野外人员的车辆应当与野外人员确定接送的时间、

地点。

（3）在每日出发采样前应当携带和检查安全保障装备。检查北斗卫星终端和野外急救包是否完好，北斗卫星终端电量是否充足。

（4）在野外工作过程中的任何情况、任何条件下，禁止单人行走作业。两人以上行走距离不得超出视线以外。

（5）野外采样项目组要加强对野外采样人员的安全管理，明确迷路时的联系方式和时间。禁止实习生与临时工单独设组或带组采样。

（6）在山区等无人区工作的野外工作车辆实行两人一车、两车同行制度，并配备充足的应急用具和应急食品，严禁人车分离，禁止单人单车在山区等无人区采样。

（7）当迷失方向时及时发出求救信号，保持头脑清醒，保存体力，绝不可慌乱而到处乱走。

（8）发现队友前来救援时，及时向救援人员发出位置及声光信号，就地等待救援。

第六节　人员摔落及预防

野外采样人员在点位核查和采样过程中经常需要攀登山峰、山崖、山坡，或者在陡坡、悬崖边行走，或者需要骑马、驴、骡等到达车辆无法通行的地方，容易发生人员坠落事故。

控制野外采样人员坠落事故，关键在于做好以下防范工作：

（1）采样小组加强采样现场安全管理，控制物品的不安全状态，检查登山绳、安全带、安全帽、防滑鞋是否合格。在采样时按照规定穿戴安全带、安全帽、防滑鞋等。

（2）控制人的不安全行为，严格遵守采样安全技术规定。

（3）上下陡坡、悬崖、峭壁采取长距离的"Z"字形路线，行走时注意地表覆盖等情况，做到看景不走路、走路不看景。前后人员要拉开距离，错开直线，以免浮石滑落伤人等。

（4）患高血压、心脏病、贫血病、癫痫病等不适合从事高处作业的人员不得从事高处作业。

（5）在山坡、悬崖采样时要提高注意力，采样人员加强配合，采样前注意观察周围的环境是否安全。

（6）行进时应注意观察，发现树木非正常变形等应注意排查陷阱等其他危险的可能。

第七节　溺水、淹溺及预防

野外采样人员经常行走在山山水水间，涉水过河或者在河流沿岸行走等，因安全意识淡薄，河流水情、地形复杂，以及缺乏防范溺水能力，容易发生溺水事故。

要预防溺水、淹溺事故，野外采样人员应当提高安全意识，提高防范野外溺水的能力，并遵守以下规定或者技巧：

（1）禁止单人、单骑过河以及私自下河游泳或者钓鱼。

（2）通过河面应先探明河流情况，了解河床水深、流速、温度等情况。

（3）通过河流时，采样人员应当采用登山绳（或者木棍、缆绳等）连接，结伴同行。

（4）通过水深在 0.7 m 以内的河流时，应当选择好入河口，逆流斜上，中途不得停顿。

（5）通过水深较深、流速较大的河流时，必须采取保险绳、互相连接的方式通过，严禁冒险徒涉。

（6）水上采样时必须做好充分准备，了解水区的水流、气象等情况，并按规定配带个人救生工具。

第八节　野外车辆伤害及预防

野外交通不便，因此野外工作只能以汽车运输为主。然而车辆本身也是一个可以高速移动且具有一定危险性的事物，在野外采样过程中，任何一个疏忽都可能造成伤害甚至丧失生命。

野外采样车辆应采用越野性能较好的汽车。车辆应当配备野外通信、定位、导航装置，年限最好在 5 年以内，且车辆行驶证、年审合格证和保险凭证应当齐全有效，其中保险应当包括但不限于交通强制险、车辆损失险、第三者责任险。租用交通工具时，应租赁有资质的交通运输企业（公司）的交通工具，并签订委托协议（合同及安全生产协议），明确双方的责任与义务。禁止租用私家车以及无证或证件不全的机动车辆等进行交通运输等工作。

驾驶员的道德水准、法制观念、技术熟练程度及适应时间变化的心理、生理特性等是保障汽车运输安全的重要条件。野外车辆驾驶员除持有驾驶证外，年龄应当在55周岁以内，最好野外驾龄5年以上。患有妨碍安全驾驶机动车的疾病以及服用国家管制的精神药品或麻醉药品的人员，不得驾驶野外工作车辆。严禁酒后驾驶、疲劳驾驶以及非驾驶人员（无照、无内部上岗证）驾驶机动车辆。在外出野外工作前，应对驾驶员的职业道德、年龄、驾龄、健康状况、驾驶技术等进行审查核实。野外工作的驾驶员要对工区的自然环境、人文地理、交通状况熟悉。车辆在出野外工作前，驾驶员应对包括车辆的发动机、转向系、制动系、行驶系、传动系、安全防护装置，以及车辆保险等进行检查，符合条件后方可外出野外工作。

在出发前，作为驾驶员要深入了解所驾驶车辆的性能，包括：

（1）了解汽车的车身参数，包括车身的长、宽、高。这对于野外行驶来说很重要，因为在野外很多情况下需要判断车辆是否可以通过前面的道路。

（2）了解车辆的爬坡能力。汽车的爬坡能力主要由汽车牵引力和汽车几何参数决定。汽车牵引力不足不但上不去坡还会溜车。汽车几何特性会决定车辆会不会"蹭底"或"触头"，同样会制约车辆的爬坡能力。

（3）了解采样区域道路状况。判断车辆轮胎是否合适走采样区域的道路，确保轮胎对路面的附着力。

（4）了解车身姿态与感受之间的差异。车辆在野外行驶经常会遇到各种坡度的状况，车辆的姿态与平时路面行驶会完全不同，熟悉车辆的极限至关重要。

（5）了解车辆的安全保障装备配备和车辆的实际装载能力。检查车辆是否配备了车载北斗终端和车载救生箱及应急食品，科学合理安排各个物品的摆放。

车辆在野外行驶过程中，驾驶员和乘车人应时刻保持警惕，遵守国家道路交通安全法规和本单位安全管理规定，不得违章超速、超载、不得人货混装。乘车人员不得将头和手伸出车外，不得在车上打闹，并对野外工作用车安全管理负有监督提醒的责任。车辆在山区道路和恶劣天气条件下行驶，要恪守谨慎驾驶的原则，遇大雾、大雨、大风、大雪等恶劣天气禁止野外出车，无特殊情况要尽量避免夜间在野外行车。

车辆在野外行驶中有"快走沙慢走水"的说法。"快走沙"是因为沙地很容易陷车，快走的目的就是尽量在沙子无法承受住车身重量前就离开到达安全地带；"慢走水"是因为水面下的情况我们无从得知，所以要在涉水前对水下情况尽可能地了解。除上述常见的两种状况外，野外驾驶还有很多隐藏的风险，驾驶员在行进中务必谨慎驾驶。具体注意事项如下：

（1）车辆在通过简易桥梁或危险路段时，乘车人应当下车，车辆通过危险地段后再乘坐车辆。

（2）车辆在涉水前，要查清水深、流速、水底坚实程度等。水深不能超过汽车最大涉水深度，能安全通过时，应先停车休息一下，一是防止制动鼓在过热状态下遇水而造成破裂，二是防止因操作不当而使气缸进水。

（3）要避免车轮出现打滑的现象，为轮子找到合适的附着力，过雪地或路滑的区域，应当将防滑链安装于车辆的轮胎上，长时间使用刹车极易导致其失灵，应正确使用刹车。

（4）要了解车辆的四驱系统和车辆在行进中进行两驱、四驱切换的问题，避免因为误操作而把自己和车辆停留在一个"前不着村后不着店"的地方。

（5）车辆冲坡的时候如果不成功，千万不可以掉头再来，一定要按照原先的轨迹倒车下来，同时还要注意车速，以防车辆侧翻。

（6）对于陌生环境下的坡道，在即将到达坡顶的时候要适当减速，看清楚道路的另一面情况后再下坡。

一天的野外工作结束后要及时清洗和检查车辆，要对车辆各部件进行全面的检查，特别是车辆在崎岖路面磕磕碰碰行驶后，要仔细检查车辆各部件是否变形或损坏。野外采样工作结束回到本单位驻地后，要对车辆进行一次全面的维修保养，对车辆传动部件添加或更换润滑剂，包括更换空气滤芯、机油滤芯以及汽油滤芯。

第九节　雷电及预防

雷电造成的灾难除经济损失外，还可能造成人身伤害以致威胁到人的生命安全。雷电一般产生于对流发展旺盛的积雨云中，因此常伴有强烈的阵风和暴雨，有时还伴有冰雹和龙卷风。雷电对人的伤害方式，归纳起来有四种形式，即：直接雷击、接触电压、旁侧闪击和跨步电压。雷电造成的危害与其他因素造成的危害形式不同，由于闪电袭击迅猛，人们在尚未听到雷声之前就已触电，而来不及躲避。预防雷电击伤要注意以下几个方面：

（1）雷雨闪电时，不要拨打、接听电话，关闭手机，因电话线和手机的电磁波会引入雷电伤人。

（2）雷雨闪电时，尽量不要使用电器，应拔掉一切电源插头，以免伤人及毁坏电器。

（3）雷雨时，尽量不要开门开窗，防止雷电直击室内。

（4）乘坐汽车等遇打雷闪电，不要将头、手伸出窗外。

（5）不要到高地和水边，远离开阔的地方（如旷野、露天停车场、运动场等）和孤立建筑物；不在避雷针及其引线下或者有外漏金属物的地方（如电话亭、路灯下等）停留；不要将金属用具扛在肩上；不要在大树下避雨避雷，至少离大树 5 m 外避雨。

（6）不要穿戴湿衣、帽、鞋等在大雷雨下走动。对突来雷电，应立即下蹲降低自己高度，同时将双脚并拢，以减少跨步电压带来的危害。

（7）闪电打雷时，不要接近一切电力设施，如高压电线、变压电器等。

第十节　毒蛇、毒虫、猛兽及预防

在野外遭遇动物袭击或者叮咬是常有的事情。动物嘴内含有各种病菌，被咬伤后很可能造成疾病感染以及传播。在野外受伤之后，由于交通不便、药品匮乏等原因，人员往往不能得到及时的救治，从而对生命安全造成很大威胁。我们需要做好相关的保护工作，并掌握一定的防范技巧。野外采样时最好穿长袖上衣、长裤及鞋袜，扎紧袖口、领口，必要时戴草帽。针对不同的动物，其防范措施也有一定的差别。

1. 毒蛇预防

毒蛇咬伤的部位有 70% 以上是足部，如穿上长裤、鞋袜，即使被咬也不易伤及肉体而中毒。蛇的听觉和视觉较差，但感觉灵敏，对栖息处的地面或树枝的振动极为敏感，一遇响动就会逃之夭夭。经过山区草地时，可采用竹竿敲扫、大声喊叫等方式"打草惊蛇"，不要随便将手指插入树洞或岩石裂缝，以免被蛇咬伤。如遇蛇爬行，应从蛇爬行的垂直方向走开。此外，宿营时还可以用樟脑、茅术、石菖蒲一起研末，掺在地垫等处，或者用芥菜子、辣蓼、樟脑各 5 g，焚烧烟熏，也能有效预防毒蛇。

2. 毒虫叮咬预防方法

会将人员咬伤的毒虫可分为以下两种：

第一种是蚊子、虻、恙虫、蜱虫等吸血性昆虫，咬后不仅痛痒，还会传播疟疾、脑炎等自然疫源性疾病。预防的办法是人员除穿长袖衣裤外，皮肤暴露部位应涂抹防蚊防虫药水，同时可用烟熏，烧艾叶、青蒿、柏树叶、野菊花等驱赶昆虫。经过毒虫等较多的地方，每天需用肥皂彻底清洗全身皮肤，并随身携带祛风油或风油精等防蚊虫药品。宿营地不应设在沼泽旁，也不要在潮湿的树荫和草地上坐卧。

第二种是蜜蜂、黄蜂、大胡蜂等。被蜂叮咬后，最初会感到疼痛，接着伤口就会肿大发炎。在野外采样时要注意观察环境，尽量远离草丛和灌木丛，避免扰动蜜蜂巢穴。蜂类的视觉系统对深色物体在浅色背景下的移动非常敏感，采样人员应穿戴浅色光滑的衣物。如果招致蜂群攻击，用衣物保护好自己的头颈，反向逃跑或趴下，不要试图反击。

3. 猛兽袭击预防

除饥饿的肉食动物或者受伤的猛兽之外，一般的动物很少会主动袭击人类，只要我们不侵犯它们，它们就不会发起攻击。然而遇到"狭路相逢"或者我们携带的东西吸引它们的情况时，就会变得相当危险。为做好相关的安全防范，我们应尽量避免去猛兽出没繁多的地区，还可以在行进过程中大声说话，吹哨子，从而惊动它们，让它们"识趣"离开。如果遇到猛兽，应马上找木棍、石块等作为武器，但动作应缓慢轻柔，不要惊动野兽，也不要表现得过分惊慌，慢慢离开它们，有时它们也会自己离开。在宿营时，应妥善处理剩菜和垃圾，避免引来野兽觅食，可能的话，燃过夜营火，并派人轮班值守。

第十一节　野外工作宿营及安全预防

由于交通条件、任务的特殊性等原因，有时野外采样不可避免要在荒野中露营。为确保宿营的安全，具备一定相关的理论知识和技能是预防的重点。

搭帐篷宿营时，必须仔细勘察地势，并合理选择营地。营地应设置在地面干燥、地势平坦、有水源且无污染的背风场地；要避开一切可能发生意外事故的地方（如河谷、山洪水道、断崖、陡坡下方等）；应远离孤立凸出的峭壁、山脊、高树等。夏季露营尽量选择通风良好，蚊虫较少的地方。冬季的设营点应结合避风及距燃料、水源的远近等情况而定。

营地选定后，要平整底盘，挖排水沟。在林区、草原应按规定开辟防火道、配备消防器材，并遵守林区、草原防火的有关规定。挖掘炉灶或设立厨房时，应选择在帐篷的下风处，距帐篷 5 m 以外的背风地点。厕所、垃圾及废物堆放要选择下风处和水源的下游，并且要距水源和帐篷稍远。

注意防止野兽、蛇虫进入帐篷，可在住地周围适当撒一些六六六、石灰粉或草木灰等防蛇虫。冬季宿营要注意保暖、防火、防一氧化碳中毒等。

第十二节　山火及预防

山火是一种发生在林野中难以控制的火情，它对人身造成的伤害主要来自高温、浓烟和一氧化碳，容易使人出现热烤中暑、烧伤、窒息或中毒，尤其是一氧化碳具有潜伏性，会降低人的精神敏锐性，中毒后不易被察觉。起因主要包括人为火和自然火。在人为火源引起的火灾中，以开垦烧荒、吸烟等引起的森林火灾最多。自然火主要指雷电火、自燃火等。野外采样有时会进入山野之中，采样人员应熟知森林防火安全防范常识，并能够自觉遵守森林防火的各项规章制度，严格管控野外用火，严防人为火的发生。在五级风以上高火险天气时，应尽量避免一切用火等，并做好相关防范措施。山火于日间比较难于看见，应随时留意飞灰和火烟味。如发现山火，应保持镇定不惊慌，并迅速远离火场，在逃离时应注意以下几点：

（1）注意风向，避开火头，跑向草木稀疏处，朝河流、公路方向逃走。

（2）若被大火挡路，应走到最开阔的空地中央，并清除自身周围易燃物。如果被大火包围在半山腰时，要快速向山下跑，切忌往山上跑，通常火势向上蔓延的速度要比人跑的速度快得多。

（3）若有水，则弄湿全身，遮盖头部。若有水塘、小溪，则赶紧跑到水中央。

（4）若火焰逼近无法脱身，应该伏在空地或岩石上，身体贴地，用外衣遮盖头部，以免吸进浓烟。

（5）若在车内，不要下车，并关闭车窗车门及通风设备，若有可能，急速驾车逃走。

（6）万一被火所围困或被火截断了退路，在时间允许的前提下应尽可能地为自己制造、扩大安全范围。可以在自己所处位置的顺风方向点火，将山林或草原烧出一个安全区域，这个区域就是"火烧迹地"。

（7）大火过后，可逆风而行，弄熄余烟，穿过已烧过的火区寻找出路。

第十三节　特殊地区采样及安全预防

在边境线军事区域附近采样时，应事先征得有关部门的同意，并且在他们的允许和带领、协同下进行野外采样工作，并应遵守有关的安全或者保密规定。

在狩猎区进行野外采样时，也必须在当地猎户的带领下进行工作，以防暗器伤人或者坠入陷阱。

在少数民族地区采样时，应提前了解当地的风土民情，遵守当地风俗和生活习惯，不能触碰当地的禁忌。

在飞机场、火炮射击场、打靶场等进行采样时，必须取得有关部门的许可，方可在指定时间、指定区域内安全作业，同时指定专人负责安全监护工作。

在社会治安较差或野兽活动频繁的地区采样，应提前联系当地公安部门，取得其支持配合。

尽量避免在铁路、高速公路两侧禁区采样，当无法避免时应尽量缩短采样时间，并有专人放哨。有火车通过时，要站到路基两侧 1 m 以外。

第五章 急救篇

第一节 野外急救基本知识

野外急救,也叫户外急救,是环境监测人员野外工作由于各种原因致伤或疾病发生时,施救者在医护人员到达前,按医学护理原则,利用现场适用物资临时及适当地为伤病员进行的初步救援及护理。目的是抢救生命,降低致残率,减低死亡率,为医院抢救奠定基础。

野外急救遵循 6 项原则:一是先恢复心跳和呼吸,后处理患处;二是先止血后包扎;三是先抢救危重者,后抢救轻伤者;四是先抢救,后转运;五是急救与呼救并重;六是专业转运,切勿"一抬就跑"。

野外急救具有突发性、紧迫性、艰难性、灵活性等特点,事故发生时,把握伤后 12 h 内的最佳急救期,实施步骤如下:

(1)施救工作镇定有序

意外发生时,切忌惊慌失措,施救者迅速评估现场,确保自身和伤病员安全,做好 120 急救电话报警和对伤病员进行抢救工作,协调事故现场人力和物力。

(2)迅速排除致命和致伤因素

如搬开压在身上的重物,撤离中毒现场,如是意外触电,应立即切断电源;清除伤员口鼻内的砂石、呕吐物、血块或其他异物,保持呼吸道畅通等。

(3)处理前观察

在做具体处理前,需观察患者全身,注意伤病者的意识状况、呼吸情形、皮肤颜色、确认伤口和出血情况,对伤病者进行分类救治。

（4）观察后处理

①打开气道。伤病者若出现呼吸困难的情况，需立即打开其脖颈束缚物，同时迅速将伤病者口、鼻、喉内的异物清除，以利呼吸通畅。如呼吸心跳停止，应就地立刻进行心肺复苏术。

②紧急止血。有创伤出血者，应迅速包扎止血，材料就地取材，可用加压包扎、上止血带或指压止血等，出血严重者应尽快送往医院，避免因大出血引起休克和死亡。

③脏器突出或颅脑组织膨出。可用干净搪瓷碗扣住，外加干净毛巾、软布料圈套加以保护。

④骨折。闭合性骨折，应即时将伤肢固定，固定材料可因地制宜，可用木板、树枝和竹片等临时固定。如无固定材料，可将骨折的上肢固定于胸前，下肢固定于健侧。如是开放性骨折，不要将骨折端复位，应在止血、清除伤口污物后，进行保护性包扎。

⑤休克和昏迷。休克：皮肤苍白、出冷汗，脉搏超过 100 次/min，可以将伤者双足提高，增加心脏和脑部的血液供给。昏迷：在未明了病因前，应注意观察伤者心跳、呼吸、两侧瞳孔大小，有舌后坠者，应将舌头拉出，防止窒息。

⑥体温。保持伤病者体温稳定，做好保暖或降温工作。

（5）迅速而正确地转运

按不同的伤情和病情以及轻重缓急选择适当的工具进行转运，伤势严重者应在医疗监护下进行搬动转运，防止脊柱损伤，运送途中应随时注意伤病员的病情变化。

第二节　常见野外伤病急救

1. 昏厥

昏厥也称晕厥，俗称昏倒，是一时性脑缺血、缺氧引起的短时间意识丧失现象，但片刻后恢复如常。野外昏厥多是由于天气闷热、创伤剧痛、疲劳过度、饥饿过度等原因引起的。主要症状为脸色突然苍白，全身无力，脉搏微弱而缓慢，呼吸快而浅，可能伴有下肢和腹部的肌肉抽搐，甚至失去知觉。遇到这种情况，应尽快将伤病者移至阴凉处躺下，取头低脚高姿势的卧位，解开衣领和腰带，可拍双肩和呼唤名字确认其是否有意识，但千万不要摇晃头部，观察呼吸和心跳，若有呼吸和心跳，表示伤病员暂时没有生命危险。若伤病员是因疲劳和饥饿过度低血糖引起的昏厥，应喂服糖水、含糖饮料、糖果等；若伤病员是因天气闷热，大量出汗，或抽筋、腹泻、呕吐引起的昏厥，应在水中加盐饮用（一茶匙/L）或喂服含盐食品，一般经过以上处理，伤病员会很快恢复意识；若因大出血或心脏病引起的昏厥，应紧急送到医院救治。

2. 中毒

（1）食物中毒

伤病员表现多以急性胃肠道症状为主，如恶心、呕吐、腹痛和腹泻等。在野外条件简陋和施救者是非医务人员的情况下，催吐是让伤病者尽快排毒的最好方法，该方法适用于口服毒物 12 h 内且神志清醒尚无催吐禁忌的伤病员。

催吐的方法：施救者应保证手部清洁，指甲剪短，让患者取坐位，上身前倾并饮清水约 400 mL（或用浓食盐水引吐），然后使患者弯腰低头，面部朝下。抢救者站在患者身旁，一只手的手心放在患者脑后以防患者因躲避动作而后仰，另一只手的手心向上，将手指伸到患者口中，用手指指肚在患者软腭的部位按摩（画圈施压），按压软腭造成的刺激可以导致患者呕吐。如采用手心向下的方法也行，用手指的指肚按摩患者的舌根部。呕吐后再让患者饮水并再刺激患者软腭使其呕吐，如此反复操作，直到吐出的是清水为止，呕吐停止后，应立即补充水分，腹部盖毯子保暖，有助于血液循环，施救后尽快送医。已经昏迷的伤病员勿用催吐法，防止呕吐物堵塞气道引起窒息。

进食后，若短时间内出现脸色发青、冒冷汗、脉搏虚弱的状况，应立即送医，谨防中毒性休克。若伤病员出现抽搐、痉挛，应马上将木棍或缠好的毛巾塞入患者口中，防止患者咬破舌头。

（2）农药中毒

农药中毒多为急性中毒症状，例如：皮肤红肿、瘙痒、水泡、溃烂等，出现"三流"现象（流泪、流鼻涕、流口水），呼吸有特殊气味（大蒜味、苦杏仁味）。症状加重者会出现持续抽搐，昏迷伴有双侧瞳孔放大或缩小，呼吸困难乃至死亡。发生农药中毒时，若是经皮肤接触引起的中毒，应立即用清水冲洗或用肥皂水、碱水（碱性洗涤剂不适用于敌百虫污染）冲洗，污染的衣物应立即更换清洗；若是眼睛被溅入药液或撒进药粉，应立即用人量清水冲洗，冲洗时把眼睑撑开，一般要冲洗15 min 以上。清洗后，用干净的布或毛巾遮住眼睛休息；若是经呼吸道吸入引起中毒，应立即将中毒者移至空气新鲜的地方，解开衣领、腰带，保持呼吸道通畅；若是经消化道引起中毒，可参照食物中毒的催吐方法进行催吐，但敌百虫中毒者不宜用肥皂水、碱水、苏打水引吐。有条件者，对有特效解毒剂的毒物中毒，应尽早、足量、合并应用进行救治。如有机磷农药中毒，可用阿托品及胆碱酯酶复能剂解毒，如有机氯农药中毒，可用巯基类络合剂解毒等。

若中毒者呼吸停止，应立即实行人工呼吸，对农药熏蒸剂（常温下容易汽化的农药）中毒者只能给氧，禁止人工呼吸。紧急施救后应尽快将中毒者送往医院彻底治疗，昏迷者应保持侧卧位转运，保持呼吸通畅。

（3）气体中毒

野外作业气体中毒的概率较小，但也是潜在危险之一。若遇气体中毒，施救者应先做好自我保护，用湿毛巾堵住口鼻，再尽快将中毒者抬离中毒现场，移至空气新鲜通风良好处，将中毒者侧卧，避免呕吐物堵塞气道，解开衣服、腰带等，注意保暖。对中毒昏迷者，尽量不要让其入睡，对呼吸停止者进行人工呼吸，必要时进行胸外心脏按压，紧急救治后立即转送医院。

3. 中暑

中暑是在暑热季节、高温或高湿环境下，由于体温调节中枢功能障碍、汗腺功能衰竭和水电解质丢失过多而引起的以中枢神经或心血管功能障碍为主要表现的急性疾病。四季中夏季为易中暑季节，上午 10 时到下午 3 时为高发期，一般来说，气温超过 34℃，就可能发生中暑。野外采样人员，长时间暴晒，加上山地和田间湿热无风，高温高湿的环境下极易中暑。

根据我国《职业性中暑诊断标准》（GB 11508—89），中暑分为先兆中暑、轻症中暑、重症中暑（热痉挛、热衰竭、热射病）。

先兆中暑症状是突然头晕、口渴、四肢无力发酸；轻症中暑出现体温上升至38℃以上，面部潮红，大量出汗或出现四肢湿冷，面色苍白；重症中暑出现肌肉痉挛直至器官衰竭。

发生中暑症状，若为先兆中暑或轻症中暑，应将伤病员移至阴凉处，平卧并解开衣扣，松开或脱去衣服，如衣服被汗水湿透应更换降温，额头敷上冷毛巾，可用酒精、冰水或冷水进行全身擦拭，然后持续扇风或移至车内空调降温，加速散热，缓慢喂服含盐凉开水和消暑药物即可。若为重度中暑，体外快速降温为治疗的首要措施，除了上述降温步骤，还可往伤病员皮肤上泼凉水，如果事发地点有水塘或河流，可将伤病员大部分躯体浸入水中降温，在送往医院途中应用凉水反复擦拭皮肤。

4. 冻伤

野外采样的冻伤多是在不注意时发生的，缺氧和缺水是引起冻伤的两个常见因素。肢体远端血液循环较差的部位，如手、足、耳、鼻等部位最容易发生冻伤。冻伤的一般症状为患处出现刺痛并逐渐发麻，皮肤感觉僵硬，苍白无血色或出现蓝色斑点，患处活动困难或迟钝。但冻伤发生时，皮肤表层和深层表现的症状相差不大，所以复温为急救时的首要措施。

轻度冻伤时，将伤者移到暖和的地方，将冻伤部位的覆盖物解开，不可揉搓冻伤部位，用毛巾、毛毯进行全身保暖，给予热饮回温。如果只有手脚冻伤，可待刺痛感缓和后，将手脚泡在37～40℃的温水中，但不能用热水浸泡或是火烤，耳、鼻冻伤可用温毛巾覆盖回温。

严重冻伤时，将伤者搬入温暖的室内，局部冻伤可将冻伤部位（包括与皮肤粘连衣物）放于40～42℃的温水浸泡复温，当冻伤部位恢复知觉，皮肤呈深红或紫红色，触感柔软为宜，同时辅以热饮。全身冻僵者，运用全身浸泡法将受冻者置于34～35℃的温水中，5 min 后将水温提高至 42℃，以防止剧烈疼痛及突然体温升高引起室颤，当受冻者呼吸、心跳、知觉均恢复，出现寒战、肢体发软、皮肤红润有热感后，停止复温。继续保温及保护受冻部位，复温后的部位用毛毯等柔软保暖物继续保温，切忌挤压并防止意外外伤发生，应立即送往医院，防止复温后因剧烈疼痛引起的休克。

5. 晒伤

强烈的太阳紫外线照射很可能会灼伤毫无防备的采样人员。暴露的皮肤受太阳直接照射的时间过久，会发红、发痒、刺痛、变软甚至起泡。治疗时，将病人转移到阴凉处，可用一块软布蘸凉水轻轻多次擦拭或做冰包冰敷晒伤部位，直至表皮温度下降。病人晒伤后康复前要增加饮水量。如晒伤部位出现水泡，不要去挑破，应及时就医，请医生处理。

避免晒伤应以防护为主，野外工作建议做好物理防晒和化学防晒，比如戴宽檐帽，穿透气的长衣、长裤，暴露的肌肤涂高倍防晒霜等。

6. 水泡

野外长途跋涉后，脚部易生摩擦性水泡。新鞋、鞋不合脚、脚出汗，都会在行走途中增大脚部与鞋的摩擦力，引起水泡。外出采样时，最好穿着与自己的脚"磨合"惯了的鞋子、排汗良好的袜子，尽量让双足保持干爽，可事先在脚部容易磨出水泡的部位贴一块"创可贴"，放一块软垫或薄涂一层凡士林，减小摩擦。一旦磨出水泡，无痛感，不影响走路的情况下不要弄破，以免发生伤口感染。如果水泡较大且疼痛难忍，需将水泡中的液体挤出，先用酒精消毒患处，如没有酒精可用肥皂、清水把水泡部位洗干净，再用消毒过或用火灼烧冷却后的钢针，在水泡边缘刺破水泡，挤出水泡内的液体，此时不要剪除泡皮，要用碘酒、酒精等消毒药水涂抹创口及周围，最后用干净的纱布或"创可贴"把患处遮盖。如果水泡破损，形成开放性伤口，应将这个部位消毒、包扎，后续如有感染发生，应立即送医。

7. 抽筋

野外采样工作多为徒步行走，发生抽筋的主要部位是小腿和大腿，有时手指、脚趾及胃部等部位也会出现。急剧运动、长时间疲劳工作、四肢局部温度降低、水分和盐分流失过多等原因会引起抽筋。

发生抽筋时，正确的救护处理步骤如下：①按摩抽筋部位；②小心地拉长、伸展抽筋部位的肌肉；③用毛巾热敷局部肌肉。

按以下操作，可自行或施救者辅助，缓解消除局部抽筋的症状：

手指、手掌抽筋：将手握成拳头，然后用力张开，又迅速握拳，如此反复进行，并用力向手背侧摆动手掌。施救者也可将抽筋者五指合并后，向抽筋者心脏方向轻压合并的手指和手掌。

上臂抽筋：将手握成拳头并尽量曲肘，然后再用力伸开，如此反复进行。施救者可将抽筋者手指朝下，掌心向着自己，向抽筋者心脏方向轻压手指和手掌。

小腿或脚趾抽筋：用抽筋小腿对侧的手，握住抽筋腿的脚趾，用力向上拉，同时用同侧的手掌压在抽筋小腿的膝盖上，帮助小腿伸直。施救者可与抽筋者脚掌对脚掌，向抽筋者心脏方向轻压抽筋腿的脚趾。

大腿抽筋：弯曲抽筋的大腿，与身体成直角，并弯曲膝关节，然后用两手抱着小腿，用力使它贴在大腿上，并做震荡动作，随即向前伸直，如此反复进行。施救者辅助完成上述动作，并按摩抽筋者的大腿。

8. 扭伤

脚踝扭伤是野外采样徒步行走最常见的伤痛，严重的脚踝扭伤会导致跛足、肿胀和疼痛，进而影响采样进程。

预防措施：①提前规划行进路线；②准备活动充分，途中适当休息补充体力；③防止局部负担过重，可使用登山杖、绳索等辅助工具。

如果扭伤脚踝，在患者受伤后 30 min 内采用"RICE"原则进行处理：

Rest（休息）：停止运动，让受伤部位静止休息，切记不要对受伤部位进行按摩、扭转和牵拉等，以免进一步加重损伤。

Ice（冰敷）：用药用气雾剂、冰块或冷毛巾冷敷受伤处，或将患处放入冷水中浸泡 15～30 min。这样有利于消除患处的疼痛、肿胀和肌肉痉挛。

Compression（加压）：用弹性绷带对患者的扭伤部位进行包扎，防止内出血。但不要包扎得过紧，以免影响肢体的血液循环。

Elevation（抬高）：可将腿抬高，减轻红肿。扭伤脚踝后不要立即脱鞋，因为脚踝肿胀无法再穿上鞋，缓慢行走至休息地再脱鞋检查受伤情况。

一般来说，多数踝关节扭伤后，局部可用冰块或湿毛巾冷敷，切记扭伤不能立即热敷或乱揉乱按。对于重症的踝关节扭伤，应及时到医院诊治。

9. 骨折

骨折是指骨结构的连续性完全或部分断裂，常见的为创伤性骨折。骨折的典型表现是受伤处出现局部变形（缩短、成角或延长），肢体出现异常活动、移动肢体时可听到骨擦音（骨断端相互摩擦的声音）等；以上三种体征只要发现其中之一即可确诊，但未见此三种体征者也不能排除骨折的可能，没有专业医护人员在场，不可为了确认伤情盲目检查上述情形，会加重伤情。

对于骨折患者来说，应及时送到医院，运用医疗器械确诊，但在运送医院的途中可根据患处情况进行应急处理，使用夹板和绷带对受伤处进行固定，以防二次损伤。

骨折易致残，施救应注意以下要点：及时固定，勿私自复位，勿盲目触诊，勿移动伤者，应由专业救护人员转运。

10. 关节脱位

关节脱位的表现主要是关节部位明显畸形和出现活动障碍等。活动的关节如踝、膝、髋、腕、肘、肩、手指和下颚，最常见的是肩和手指关节脱位。

脱位症状主要有伤后关节畸形、疼痛，无伴发骨折时，局部血肿不明显，在浅表的关节可摸到光滑的关节面，肢体出现旋转、内收或外展和外观变长或缩短等畸形，与健侧不对称。一般脱位可能会发出声音，也可能不易察觉。

关节脱位的急救，首先让伤病员受伤的关节安静地固定在其感到最舒适的位置，冷敷患处，不要自行强硬地将脱出的部位整复原状，脱臼有可能会连带骨折事故，应及早接受医生的治疗，整复原状。

关节脱位注意要点：脱位的时间越长就越难医治，如果对骨骼组织不大熟悉，不要随意地自己整复脱位部位，以免引起血管或神经线的损伤。在为病人脱衣服时，应先脱健侧，再脱受伤一侧，穿衣服时则反之。

11. 出血

野外采样有时伴有不同程度的出血。或轻或重的损伤，使血液由体表伤口流出，造成外出血。物体撞击或挤压身体时使体内深部组织、内脏损伤，血液流入组织或体腔内，造成内出血。伤口呈喷射状搏动性涌出鲜红色血者是动脉出血，伤口持续向外溢暗红色的血者是静脉出血。

止血包扎的方法：

（1）加压包扎止血：用消毒纱布或干净的毛巾、布块折成比伤口稍大的垫，盖住伤口，再用绷带或布带扎紧。但疑有骨折或伤口有异物时不宜用此法。

（2）指压止血：根据动脉的走向，在出血伤口的近心端，用手指压住动脉，可临时止血，多用于头、颈、四肢动脉出血。

（3）止血带止血：用橡皮或布条缠绕扎紧伤口上方肌肉多的部位，其松紧以摸不到远端动脉搏动为宜，过松无止血作用，过紧会影响血液循环，损害神经，造成肢体坏死。要在明显部位标明止血带的时间，超过两个小时者，每隔一小时放松1～3 min，改为指压止血。此法适用于不能用加压止血的四肢大动脉出血。

① 橡皮止血带止血法：常用一条长 1 m 的橡皮管，先用绷带或布块垫平上止血带的部位，两手将止血带中段适当拉长，绕出血伤口上端肢体 2～3 圈后固定，借助橡皮管的弹性压迫血管而达到止血的目的。

② 布条止血带止血法：常用三角巾、布带、毛巾、衣袖等平整地缠绕在加有布垫的肢体上，拉紧或用"木棒、筷子、笔杆"等拧紧固定。

（4）对内出血或可疑内出血病人，要使病人绝对安静不动，垫高下肢，应迅速将病人送往最近的医院进行救治。

12. 雷电击伤

雷电击伤多发生在夏季的旷野、农田。雷击所造成机体的损伤差异很大，体表可以有很广泛的损伤，也可以没有任何体表损伤征象。多数雷击死者可发现烧伤，如毛发灼伤乃至炭化。也可以有电流入口及出口，表现为表皮破裂、穿孔。有时可见小孔状且边缘被烧毁的皮肤损伤，可能被误认为枪弹射入口。接触金属物体处的皮肤可发生电流斑。出口常见于手足，尤以足部最为常见。出口处皮肤、肌肉洞穿、炸裂，甚至伴有烧伤。个别见皮肤广泛撕裂，体腔开放。

对雷电击伤者若能及时、正确、有效现场抢救，部分伤者的生命是很有可能被挽救过来的。被雷电击伤的急救措施如下：

（1）迅速将伤者转移到能避开雷电的安全地方，让伤者平躺，若伤者身上有火，应立即扑灭。

（2）根据击伤程度迅速对症救治，同时向急救中心或医院等有关部门呼救。

（3）若伤者神志清醒，呼吸心跳均正常，应让伤者就地平卧，严密观察，暂时不要站立或走动，防止继发休克或心衰。

（4）伤者丧失意识时要立即叫救护车，并尝试唤醒伤者。呼吸停止、心搏存在者，就地平卧解松衣扣，通畅气道，立即口对口人工呼吸。心搏停止、呼吸存在者，应立即做胸外心脏按压。

（5）若发现其心跳、呼吸已经停止，应立即进行口对口人工呼吸和胸外心脏按压等复苏措施（少数已证实被电死者除外），一般抢救时间不得少于 60～90 min，因为雷击伤员往往会出现失去知觉和发生假死现象，这时不能认为呼吸和心跳停止就是无救，在未能证实患者已经死亡的情况下，人工呼吸和心肺复苏术持续抢救，直到医生赶到现场。

（6）雷电击伤的伤口或创面不要用油膏或不干净的敷料包敷，应用干净的敷料包扎，或送医院后待医生处理。

为避免伤亡发生，野外采样工作遭遇雷电时，应及时采取防范措施：

（1）雷电发生时，尽量找低洼处蹲下、躲进山洞深处或迅速回到车里，不要在大树下、孤立的草棚、山洞口、大石下或悬岩下躲避雷雨，因为这些地方会成为火花隙，电流从中通过时产生电弧可以伤人。如果没有地方躲避，应马上蹲在地上，双脚并拢，双手抱膝，胸口紧贴膝盖，尽量低头，切勿平躺或双手撑地，以免增大"跨步电压"。

（2）迅速将手中的金属物品（如铁锹、金属杆雨伞）抛至远处，不要带着金属物品奔跑。

（3）被雷电击伤后若衣物着火，应该马上躺下，就地打滚，或爬到有水的洼地、水池中，防止面部烧伤和呼吸道烧伤窒息死亡。救助者可往伤者身上泼水灭火，也可用厚外衣、毯子裹身灭火。

13. 溺水

野外采样，特别是采集水系沉积物时会有失足落水的危险，人落入水中由于无法呼吸，会引起机体缺氧和二氧化碳潴留，也可因反射性咽喉、气管、支气管痉挛和水中污泥、杂草堵塞呼吸道而发生窒息，所以一旦发现人员落水，应立即施救。

（1）水中救助

① 自救

不会游泳的人员，落水后应立即屏住呼吸，踢掉双鞋，然后放松肢体等待浮出水面，屏气后的肺脏就像气囊，使人体在水中经过一段下落后自动上浮。当感觉开始上浮时，应尽可能地保持仰躺位，使头部后仰。不要挣扎，人体在水中平衡后，口鼻将最先浮出水面，此时可进行呼吸和呼救。浮出水面后，呼吸尽量用嘴吸气，用鼻呼气，以防呛水，以平静的心态等待救援者到来，千万不要试图将整个头部伸出水面。

② 施救

a. 水中的抢救

i 发现人员落水时，应在立即大声呼救的同时拨打救援电话，有水性的施救者在入水前应做好个人保护，无水性者切不可盲目入水施救。

ii 对神志清醒的落水者，可投给长棍、长绳、木板等物件进行施救，水性好并经过专业水上救援训练的人员才可进行入水施救，以防被挣扎的落水者拖入水中，造成更大的伤亡。

iii 对神志丧失的落水者，水性优者应先观察水域（流速、深浅）状况，而后入水施救，将落水者面朝上救助上岸。

b. 岸上的急救

快速清除落水者口、鼻污物，施救者左腿跪下，将落水者的腹部放在右腿上，使其头朝下，用手按压背部，促水排出。此时落水者神志清醒，可让其平躺，将衣扣、腰带松开，盖上毯子保温。

仔细观察呼吸和心跳情况，对呼吸、心跳停止者，马上做心肺复苏术，并设法让病人吐水。跳水容易引起颈椎骨折和损伤脊髓，出现肢体麻痹、呼吸麻痹等，应马上叫救护车。将溺水者救上岸后，应马上检查溺水者的心跳、呼吸等情况，如呼吸停止，应马上做人工呼吸抢救。当救援者能站立在水中时，可用双手托住溺水者的颈部，口对口先连续吹入四口气，在 5 s 内观察溺水者的胸、腹部，看看有否反应。也可用脸颊贴在溺水者嘴上感觉一下有否自主呼吸，如无反应，再吹四口气。如果是呼吸、脉搏完全停止，要做心肺复苏术。

14. 割伤或刺伤急救

在野外采样工作中，采样人员被带刺的植物、锋利的石块或金属采样工具割伤或刺伤时有发生，为防止伤势恶化，受伤后应按以下步骤进行伤口处理：

（1）割伤：浅的伤口用温开水或生理盐水冲洗拭干后，以碘酊或酒精消毒、止血，或用"好得快"喷雾剂喷于伤口，然后包扎，一般都能较快痊越。对较小伤口外用"创可贴"即可。对较深的伤口，应立即压迫止血，速到医院行清创术，视伤情进行缝合修补等。

（2）刺伤：宜先将伤口消毒干净，用经灭菌过的针及镊子将异物取出，再消毒后包扎伤口。异物留在体内易化脓感染，对伤口小、出血少者，宜在伤口挤压出一些血液比较好，指甲对刺伤不易处理，可先将指甲剪成 V 字型口，将刺拔出，或到医院处理。若被针、金属片等刺伤而留于体内，应到医院在 X 光下取出。深的伤口可能有深部重要组织损伤，常并发感染，可予抗炎药物治疗。不洁物的刺伤要预防破伤风的发生，宜到医院肌肉注射破伤风抗毒素。

第三节　有毒动、植物伤害急救

夏秋季节是有毒动物活动频繁的季节，野外采样人员穿行在树林间、草丛中、溪流边，易被有毒动物叮咬，被咬伤后须及时处理，有毒动物的毒液轻则引起全身瘙痒、疼痛、乏力，重则损害神经中枢，导致死亡。

1. 蝎子蜇伤

蝎子（图 5-1）多在山里、雨林、沙漠等区域出没，任何蝎子都有毒，但毒性大小不同，被蝎子蜇伤处常发生大片红肿、剧痛，轻者几天后症状消失，严重者可因呼吸困难、循环衰竭而死亡。一旦被蝎子蜇伤，应尽快按如下方法进行处理：

（1）迅速拔出伤处毒刺，在蜇伤处上部（近心端）2～3 cm 处，用止血带或布带、绳子扎紧，每 15 min 放松 1～2 min，用手自伤口周围向伤口处用力挤压，使含有毒素的血液由伤口挤出，确认口腔黏膜无破损，才可用口吸出毒液。

（2）用碱性肥皂水（不能用香皂）、苏打水、3%氨水或 1∶500 高锰酸钾溶液冲洗伤口，冰敷伤口，减缓毒素扩散，伤口周围可涂擦南通蛇药，也可内服（同上）。

（3）及时送医做进一步治疗。

图 5-1　蝎子

2. 蜘蛛咬伤

蜘蛛的种类繁多，分布较广，适应性强，它能生活或结网在土表、土中、树上、草间、石下、洞穴、水边、低洼地、灌木丛、苔藓中、房屋内外，或栖息在淡水中（如水蛛）、海岸湖泊带（如湖蛛）。大多数蜘蛛有毒，但毒素具有选择作用，多数仅对昆虫和甲壳类有毒而对哺乳动物无毒，对人类有毒的蜘蛛约有 130 种。一般的蜘蛛咬伤仅可引起局部疼痛、发炎或坏死，毒性不大，不会有更大危险。但毒蜘蛛的毒液中含有神经蛋白毒，主要作用于运动神经中枢，使之麻痹，破坏血细胞，产生溶血，严重者可发生惊厥、昏迷、休克。

我国毒性较强的蜘蛛有以下几种：

（1）黑寡妇（图 5-2）

分布在我国的亚热带和温带地区，福建较多。成年雌性黑寡妇蜘蛛腹部呈亮黑色，并有一个红色的沙漏状斑记，雄性黑寡妇蜘蛛大小约只有雌性蜘蛛的一半，甚至更小。它们相对于躯体大小具有更长的腿和较小的腹部。它们通常呈黑褐色，并具有黄色条纹以及一个黄色的沙漏斑记。毒液为神经毒素，据称毒性比响尾蛇的要强 15 倍，但是分泌量较少使其致死率较低。黑寡妇蜘蛛性胆小隐居，喜欢栖息在黑暗处，在夜间活动及捕食。

图 5-2　黑寡妇

（2）捕鸟蛛（图 5-3）

分布于我国的南方，特别是海南、广西、云南和台湾等地，最北可见于湖北、湖南一带。大多数捕鸟蛛身披绒毛，有的品种身形可达几十厘米，被称为蛛界的"毛绒玩具"，毒液为混合型毒素。

图 5-3　捕鸟蛛

（3）红螯蛛（图 5-4）

分布于上海、南京、北京、东北地区，毒液为混合型毒素。

图 5-4　红螯蛛

（4）穴居狼蛛（图 5-5）

分布于新疆、内蒙古、甘肃、陕西、河北等地，多生活在草原、森林、荒漠、半荒漠地带，在农田、果园、山坡、畦沟也时有发现，筑穴而居。为大型蜘蛛，毒液为神经毒素。

图 5-5　穴居狼蛛

野外工作时被毒蜘蛛咬伤后应立即用肥皂水反复冲洗伤口局部，并给予局部冷敷，若伤口位于四肢，可用止血带做伤口近心端缚扎，每隔 15 min 放松 1 min，躯干处伤口可用 0.5%普鲁卡因环行封闭，必要时也可局部消毒后做"十"字形切口，有条件者用拔水罐等抽吸毒液，并用碳酸烧灼后放松止血带，用无菌纱布轻松包扎伤口。中毒症状重者尽可能快速送往医院，进行全身解毒治疗和对症治疗。

3. 蜈蚣咬伤

蜈蚣又称百足、天龙。我国毒性大的蜈蚣有 3 科：巨蜈蚣科、地蜈蚣科和石蜈蚣科。

（1）巨蜈蚣科

有两属：巨蜈蚣属分布在我国南方各地、东南亚及日本（图 5-6）；耳孔蜈蚣属分布在东北及华北地区（图 5-7）。

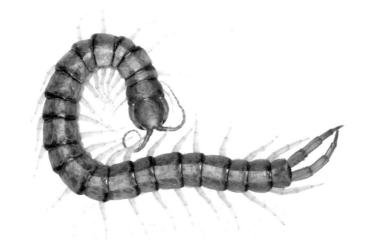

图 5-6　巨蜈蚣

图 5-7　耳孔蜈蚣

（2）地蜈蚣科（图 5-8）

喜居湿处，各地常见。

图 5-8　地蜈蚣

（3）石蜈蚣科（图 5-9）

喜居石下，主要分布在我国华北地区。

图 5-9　石蜈蚣

蜈蚣有毒腺，还有一对尖形牙，分泌的毒汁含有组胺和溶血蛋白，当人被它咬伤时，其毒汁通过其尖牙注入人体将会引起皮肤损伤或全身中毒症状。

被蜈蚣咬伤后立即采用拔火罐的方法拔出局部伤口的毒液，并用清水或肥皂水彻底清洗创面，有条件时，可用 3%氨水或用 5%～10%碳酸氢钠溶液冲洗，一般不必湿敷，以防发生水疱。用0.5%～1%的普鲁卡因或1%吐根碱进行局部封闭，可止痛并防止毒液进一步扩散。此外，伤口周围可用季得胜蛇药或南通蛇药片溶化涂敷，也可用如意金黄散涂于患处，起到止痛、消肿作用。蜈蚣咬伤抢救流程见图5-10。

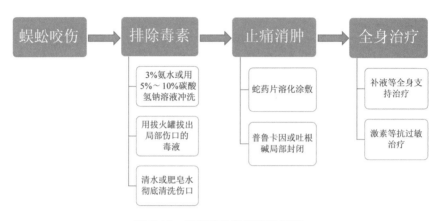

图 5-10　蜈蚣咬伤抢救流程简图

4. 毒蜂蜇伤

毒蜂包括蜜蜂、胡蜂（包括胡峰、马蜂和黄蜂）、大胡蜂和竹蜂等多种有毒刺的蜂类，其毒力以蜜蜂（图5-11）最小，黄蜂（图5-12）和大胡蜂（图5-13）较大，竹蜂最强。毒蜂尾端有蜇针与毒腺相通，蜇人后将毒液注入人体内，引起中毒。一般蜂蜇伤局部有红肿、疼痛等，数小时后症状消失。对蜂毒过敏者，会立即发生荨麻疹、喉头水肿、气管痉挛、严重时可致过敏性休克死亡。

图 5-11　蜜蜂

图 5-12　黄蜂

图 5-13　大胡蜂

　　蜜蜂毒素主要用来防御，胡蜂等的毒素除了防御还是进攻捕食的工具，因此毒性和排毒量都比蜜蜂的大，中毒反应较蜜蜂快而严重。

　　被蜂蜇伤后，应立即小心拔出毒刺，如有断刺留在伤口内，用消毒后的钢针将其剔除，不要挤压伤处，因毒囊离开蜂体后仍继续收缩数秒钟，以防压出更多毒液。

然后用肥皂水、3%氨水等弱碱性溶液清洗及外敷；若被大胡蜂或竹蜂等毒性猛烈的毒蜂蜇伤，可用季德胜或南通蛇药化水涂抹或外敷，同时口服蛇药片，亦可以采撷鲜蒲公英、紫花地丁、景天三七、七叶一枝花和半边莲等解毒草药捣烂外敷，然后尽快送医院治疗（尤其在被成群蜂蜇伤后必须即刻送大医院）。

5. 水蛭咬伤

水蛭又称蚂蟥，种类很多，有生长在阴湿低凹的林中草地的旱蚂蟥，也有生长在沼泽、池塘中的水蚂蟥，还有生长在山溪、泉水中的寄生蚂蟥（幼虫呈白色，肉眼不易发现）。蚂蟥吸血量很大，可吸取相当于它体重 2～10 倍的血液，同时，由于蚂蟥的唾液有麻醉和抗凝作用，在其吸血时，人往往无感觉，当其饱食离去时，伤口仍流血不止，常会造成感染、发炎和溃烂。

遇到蚂蟥叮咬，不要硬拔，可用手拍打或用肥皂液、盐水、烟油、酒精滴在其前吸盘处，或用燃烧着的香烟烫，让其自行脱落，然后压迫伤口止血，并用碘酒涂拭伤口，以防感染。如伤口不断流血，可将炭灰研磨成粉末敷于伤口上，或用嫩竹叶捣烂后敷上，在伤口涂抹碘酊以防感染。

6. 蜱虫叮咬

蜱虫是吸血性的病原寄生虫，是一些人兽共患病的传播媒介和贮存宿主，主要栖息在草地、树林中。蜱虫叮咬人后，大多起病急而重，主要症状为发热、伴全身不适、头痛、乏力、肌肉酸痛，以及恶心、呕吐、腹泻、厌食、精神萎靡等。

如被蜱虫咬伤，千万不要用镊子等工具将其除去，也不能用手指将其捏碎，如果把蜱虫硬拽下来，倒钩很容易留在皮肤里，倒钩中携带的神经毒素很容易引起皮肤的继发感染。应该用乙醚、煤油、松节油、旱烟油涂在蜱虫头部，或点燃香烟熏蜱虫，让其自行松口；或用液体石蜡、甘油厚涂蜱虫头部，使其窒息松口。

如果不能让蜱虫松口，应及时去医院取出，对症治疗。

7. 毒蛇咬伤

野外常见的毒蛇、对人危害较大的有金环蛇、银环蛇、眼镜蛇、红脖颈槽蛇、竹叶青蛇、眼镜王蛇、烙铁头蛇、五步蛇、蝰蛇、蝮蛇等，咬伤后能致人死亡。

（1）金环蛇（图5-14）

俗称金甲带、金包铁、金脚带、花扇柄（客家话）、雨伞柄（潮州话）或佛蛇等，是一种具前勾牙的剧毒蛇，与眼镜蛇、灰鼠蛇合称"三蛇"，活动于平原、丘陵、山地丛林、塘边、溪沟边。属夜行性蛇类。攻击性弱，毒液为神经毒素。

图 5-14　金环蛇

（2）银环蛇（图5-15）

俗称过基峡、白节黑、金钱白花蛇、银甲带、银包铁等。毒性极强，为陆地第四大毒蛇。白环较窄，尾细长，体长 1～1.8 m，具前勾牙。背面黑色或蓝黑色，具30～50 个白色或乳黄色窄横纹；腹面污白色。栖息于平原、丘陵或山麓近水处，傍晚或夜间活动，常发现于田边、路旁、坟地及菜园等处，属夜行性蛇类。攻击性弱，毒液为神经毒素。

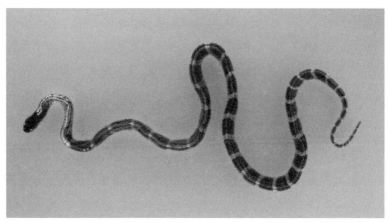

图 5-15　银环蛇

（3）眼镜蛇（图 5-16）

在民间的俗称是饭铲头、吹风蛇、饭匙头等，头呈椭圆形，颈部背面有白色眼镜架状斑纹，体背黑褐色，有十几个黄白色横斑，体长可达 2 m。眼镜蛇被激怒时会将身体前段竖起，颈部两侧膨胀，此时背部的眼镜圈纹越加明显，同时发出"呼呼"声，借以恐吓敌人。喜欢生活在平原、丘陵、山区的灌木丛或竹林里，在山坡坟堆、山脚水旁、溪水鱼塘边、田间、住宅附近也常出现，属昼行性蛇类。攻击性强，毒液为神经毒素。

图 5-16　眼镜蛇

（4）红脖颈槽蛇

俗名野鸡项、红脖游蛇、扁脖子，属后毒牙类毒蛇。毒牙无勾、无管，但呈利刃状。毒牙短，且毒腺不发达，分泌量少，咬人时很难用毒牙咬到人体，除非被咬物被深深纳入口内，否则难以触及利牙，因此通常不易造成中毒。常在河谷坝区的水稻田、缓流及池塘中活动捕食，属昼行性蛇类。毒素为血液毒素。

（5）竹叶青蛇（图 5-17）

一类具有颊窝的管牙类毒蛇，头较大、三角形，颈细、头颈区分明显。全身翠绿，眼睛多数为黄色或者红色，瞳孔呈垂直的一条线，尾巴焦红色。竹叶青蛇生活于山区树林中或阴湿的山溪旁杂草丛、竹林中，常栖息于溪涧边灌木杂草中、岩石上或山区稻田田埂杂草中，该种树栖性很强，常吊挂或缠在树枝上。性格神经质，攻击性强，毒液为血液毒素。

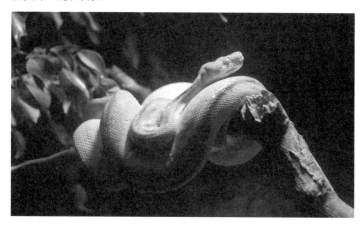

图 5-17　竹叶青蛇

（6）眼镜王蛇（图 5-18）

又称山万蛇、过山峰、大扁颈蛇、大眼镜蛇、大扁头风、扁颈蛇、大膨颈、吹风蛇、过山标等。比其他眼镜蛇性情更凶猛，排毒量大，是世界上最危险的蛇类之一。广泛生活在平原、丘陵和山区，常出现在近水的地方或隐匿于石缝或洞穴中。攻击性强，属昼行性蛇类。毒液属神经毒素。

图 5-18　眼镜王蛇

（7）烙铁头蛇（图 5-19）

因为蛇头酷似三角形的烙铁而得名，又名龟壳花，俗名烙铁头、笋壳斑、老鼠蛇和恶乌子等。主要栖息于山区箭竹草原或碎石堆中，属昼行性蛇类。毒液为血液毒素。

图 5-19　烙铁头蛇

（8）尖吻蝮蛇（图 5-20）

又称百步蛇、五步蛇、七步蛇、蕲蛇、山谷蠚、百花蛇、中华蝮等。尖吻蝮生活在海拔 100～1 400 m 的山区或丘陵地带。大多栖息在 300～800 m 的山谷溪涧附近，攻击性强。毒液属血液毒素。

图 5-20　尖吻蝮蛇

（9）蝮蛇（图5-21）

又称黑斑蝮蛇，体长0.9～1.3 m。背面暗褐色，有淡褐色链状椭圆斑3列，各椭圆斑的最外缘为黄白色，其次为黑色，在3列斑纹间，散布有不规则的小斑纹。腹面灰白色，每片腹鳞有3～5个紫褐色斑点，前后缀连略成纵行。生活于山地、平原，昼夜皆活动。毒液以神经性毒为主，也含出血性毒。

图5-21　蝮蛇

如果在野外不慎被蛇咬伤，不要惊慌失措，首先要判断是否被毒蛇咬伤。毒蛇与无毒蛇咬伤最根本的区别是：毒蛇都有毒牙，伤口上会留有两颗毒牙的大牙印，而无毒蛇留下的伤口是一排整齐的牙印（图5-22）；若在20 min内没有局部疼痛、肿胀、麻木和无力等症状，则为无毒蛇咬伤。若为无毒蛇咬伤，只需要对伤口清洗、止血、包扎即可。

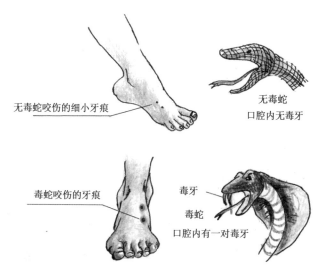

无毒蛇咬伤的细小牙痕

无毒蛇
口腔内无毒牙

毒蛇咬伤的牙痕

毒牙
毒蛇
口腔内有一对毒牙

图5-22　毒蛇与无毒蛇牙痕

春夏季是毒蛇活动的高峰期，人被毒蛇咬伤后，毒液由伤口进入血液循环，可引起咬伤部位严重肿胀、皮肤瘀斑、血疱以及皮肤、黏膜出血，严重者甚至危及生命。因此，必须紧急救护。

首先，被咬伤者应保持镇静，不要惊慌和奔走，应立即平卧，以免加速毒素的吸收和扩散。要立即（最好在被毒蛇咬伤后 2～5 min 内）在现场扎止血带，如无条件，可用布条、绳、各种系带结扎毒蛇咬伤部位的近心端（即靠近心脏方向）4～5 cm 处，但必须记住，结扎后，每 15～30 min 放松止血带 1～2 min，以免远端肢体坏死。

接着冲洗伤口，可用清水、冷茶水、盐水、肥皂水等冲洗伤口，有条件者可用 3%过氧化氢冲洗，同时，迅速拔除残留的毒牙。并在伤口上拔火罐或用口直接吸吮，但吸吮者口腔黏膜必须无破损。另外，用冰块、冷水等冷敷伤口周围，可减缓毒素扩散和吸收。有条件的应尽快在伤口近心端 2 cm 处的皮肤涂一圈蛇药，如季德胜蛇药、上海蛇药、青龙蛇药等。如无蛇药片，可就地采用几种清热解毒的草药，如半边莲、芙蓉叶、马齿苋、鸭拓草、鱼腥草等，将其洗涤后加少许食盐捣烂外敷。敷时不可封住伤口，以免妨碍毒液流出，并要保持药料新鲜，以防感染。

最后，拨打 120 急救电话，就地等待救援，或者自行至医院就诊。

8. 植物伤害的防治

植物伤害可归类为有毒植物和有刺植物两大类，有毒植物伤害常见的有草本植物的"咬人狗"和"咬人猫"，其中又以荨麻科草本植物"咬人猫"数量最常见。有刺植物则以刺藤、悬钩子、高山蔷薇及玉山小叶为最多。植物造成的伤害虽不及动物造成的伤害来得严重，但对长时间行进也会造成一定的困扰。

防治措施。应由向导手持砍刀在前面开路，将有毒刺植物砍掉，开辟安全通道。要穿戴手套及光滑长袖衣物，避免大面积伤害；穿行于有刺密丛区，应注意脸部及眼睛；高绕密丛时应注意要抓的枝干是否有刺；休息时应注意身旁植物是否为"咬人猫"，携带药品可减轻因接触有毒植物所引起的过敏反应；如果已有刺刺入皮肤，应利用瑞士刀小夹子将勾刺拔出。

第四节　基本救护技能

1. 异物清除

（1）异物入眼

当异物进入眼中后，人们的第一反应往往是用手来回揉搓眼睛，或者用手帕擦拭眼睛，但这样极有可能损伤眼睛的孔膜或角膜。正确的做法应该是将双手洗净，若异物进入上眼皮，则抓起上眼皮，用手推下眼皮，刺激泪水流出，反复几次，借助眼球活动和泪水的流动，将异物冲出；若异物进入下眼皮，抓下眼皮，用湿纱布轻擦掉。异物仍不能排出时，让眼睛在杯水中一开一闭，即可洗掉异物。

如戴隐形眼镜，有剧烈刺痛时，要摘下来洗净，到野外活动前，最好到药店买好眼药水备用。

（2）异物入耳

在野外采样时，经常有小虫等异物飞入耳朵，昆虫一般具有趋光性，此时将耳朵朝向有光源的地方，或者在暗处用手电筒照射耳道，小虫就会朝光源飞出。也可让别人吸几口香烟，对着耳道内喷入，小虫受到烟雾的刺激会自行爬出。不要用挖耳器或棉花棒挖耳朵，防止小虫深入耳道伤害耳朵。

如果是较大的虫子进入耳道，可以用食指紧紧压住耳屏，断绝耳内空气，迫使虫子回转或后退。待感觉到耳道口有虫子蠕动时，松开手指，虫子就会掉出来。

耳朵入水，将耳朵朝下，用同侧的脚轻跳，或者拿太阳照热的石头，贴在耳旁，摇动头部也可以。

（3）异物卡喉

施救可使用"海姆立克法"：

① 上腹部冲击法

此法是通过冲击上腹部而使膈肌瞬间突然抬高，肺内压力骤然增高，造成人工咳嗽，肺内气流将气道内异物冲击出来，从而解除气道梗阻。有两种方法：成人立位或坐位上腹部冲击法和成人卧位上腹部冲击法。

a. 成人立位或坐位上腹部冲击法适用于意识清楚的成人患者。患者取立位，抢救者站在患者身后，一腿在前，插入患者两腿之间呈弓步，另一腿在后伸直；同时双臂环抱患者腰腹部，一手握拳，拳眼置于肚脐上两横指，另一手固定拳头，并突然连续用力向患者上腹部的后上方快速冲击，直至气道内异物排出。

b. 成人卧位上腹部冲击法适用于意识丧失的患者。抢救者跨坐于患者大腿两侧，将一手掌根部置于患者肚脐上两横指的正中部位，另一手重叠于第一只手上，并突然连续、快速、用力向患者上腹部的后上方冲击。每冲击 5 次后，检查一次患者口腔内是否有异物。如有异物，立即清理出来；如无异物，继续反复进行。

② 胸部冲击法

此方法适用于肥胖者，同样有立位或坐位胸部冲击法和卧位胸部冲击法（图5-23）两种。

a. 立位或坐位胸部冲击法适用于意识清楚的肥胖者。患者取立位或坐位，抢救者站在患者身后，一腿在前，插入患者两腿之间呈弓步，另一腿在后伸直；同时双臂环抱患者胸部，一手握拳，拳眼置于两乳头之间，另一手固定拳头，并突然连续用力向患者胸部的后方快速冲击，直至气道内异物排出。

把腿插在患者两腿之间，第一，可以起到稳定的作用；第二，如果患者的意识丧失了，可以让他坐在腿上，随即将其身体平放在地，继续抢救。这样既省力，又不会造成患者摔伤。

图 5-23　卧位胸部冲击法

　　b. 卧位胸部冲击法适用于意识丧失的肥胖者。施救者跪在患者任何一侧，将一手掌根部放在两乳头连线中点，另一手重叠其上，双手十指交叉相扣，两臂基本伸直，用力垂直向下冲击。每冲击 5 次后，检查一次口腔内是否有异物。如有异物，立即清理出来；如无异物，继续反复进行。

2. 止血

（1）加压止血法（图 5-24）

　　适用于小动脉、静脉、毛细血管出血，但伤口内有骨折存在时不能用此法。可用"创可贴"或干净的毛巾、布块、帽子等折叠成比伤口略大的垫子用力按在伤口上，或者用三角巾、绷带以及能找到的替代品加压包扎，以求止血或缓解出血。

图 5-24　加压止血法

（2）止血带止血法（图 5-25）

　　较大的上下肢动脉出血用其他止血方法无效时可采用止血带止血法。止血带急救时可就地取材，用三角巾或毛巾等代替。用布条或其他布质代用品时，先将布条松松缠绕肢体一周打结，然后在结下穿一根短木棍，拉紧木棍，沿一个方向旋转，使布条绕紧肢体，至伤口不再流血为止。

图 5-25   止血带止血法

注意事项:

①止血带不能直接缠在皮肤上,必须用毛巾、三角巾等做成平整的垫子垫上;

②止血带要在伤口的近心端靠近伤口处;

③为避免用止血带伤及神经,上肢应扎在上 1/3 处,下肢应扎在大腿中部;

④为防止远端肢体缺血坏死,在一般情况下,上止血带的时间不应超过 2~3 h,每隔 40~50 min 放松一次,以暂时恢复肢体远端的血运;

⑤上好止血带后应做好标记,注明时间;

⑥注意严禁用铁丝、电线、绳索等代替止血带。

3. 包扎

包扎的目的在于止血,保护伤口,防止伤口感染,固定敷料和防止伤处移位,要求先盖敷料后包扎,包扎时不要触摸伤口、不要在伤口上撒药粉、泥土或煤灰,不要拔除伤口上的异物,不要放回溢出的内脏,不要冲洗伤口。

(1) 手掌、脚掌包扎

①手掌、脚掌对准三角巾的顶角;

②把顶角上翻盖住手背、脚背;

③将三角巾左右角交叉对折;

④绕腕、踝一周打结。

（2）肘（膝）关节包扎法

①扎成带形包关节；

②两端外侧来打结。

手、脚、肘（膝）关节包扎如图 5-26 所示。

图 5-26 手、脚、肘（膝）关节包扎

（3）手臂包扎法（图 5-27）

①一角打结扣中指；

②包没手臂螺旋绕；

③末端用带固定好。

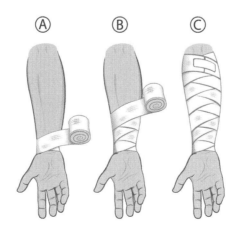

图 5-27 手臂包扎法

（4）头部包扎法（图 5-28）

①将三角巾的底边叠成 2 指宽，边缘置于前额齐眉处，顶角向后；

②三角巾的两底角经耳后拉向头部后方，置于顶角之上压住顶角后，两底角交叉绕回前额，在前额齐眉打结；

③顶角拉紧，折叠后塞入头后部。

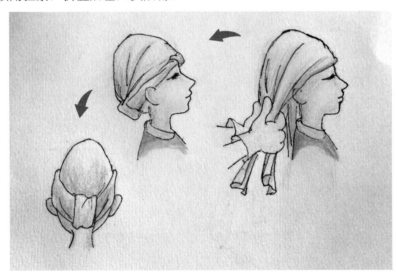

图 5-28　头部包扎法

4．徒手心肺复苏（CPR）

采用心肺复苏，遵循胸外按压→开放气道→人工呼吸的顺序。

（1）现场评估环境是否安全，是否适合心肺复苏的实施。

（2）判断患者是否有意识、无呼吸（或喘息）。

（3）向专业机构呼救（打 120）。

（4）同时检查呼吸和脉搏，中、食指并拢放在颈动脉位置（摸到喉结向旁滑动 1.5～2.0 cm）。

（5）摆正患者体位，让患者躺于硬地仰卧。

（6）清理气道，清除口、鼻内的污物。

（7）开始胸外心脏按压，按压位置在胸骨下 1/2 处，两乳连线中点。

（8）按压手法：双手掌根重叠，手指互扣掌心翘起每次按压后必须放松，掌根不得离开胸部，双肩前倾至患者胸部正上方腰挺直手肘打直。按压频率 100～120 次/min，按压深度 5～6 cm，每次按压后使胸廓回弹恢复原状，保证松开与压下的时间基本相等。按压手法如图 5-29 所示。

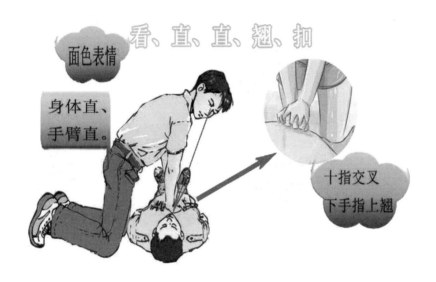

图 5-29　按压手法

（9）开放气道，仰头提颏法：一只手用食指、中指放在患者颏部，向上提起，另一只手放在患者前额，并向下压，使患者头部后仰 90°，如图 5-30 所示。

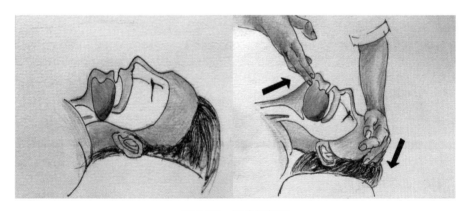

图 5-30　仰头提颏法

（10）人工呼吸（图5-31）保持气道开放，捏紧鼻翼，施救者吸气后，双唇包严伤者口唇，缓慢吹气，通气时间每次大于1 s，胸廓明显起伏有效，吹毕即松口、松鼻，间隔1 s，第二次吹气（共2次）。

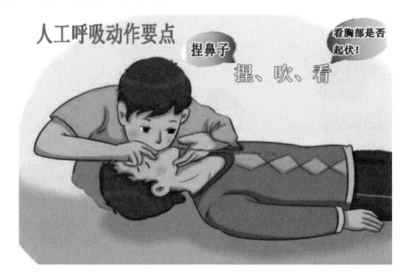

图 5-31　人工呼吸

（11）口对口人工呼吸与胸外按压交替进行，30次胸部按压，2次人工呼吸为一个循环，CPR五个循环做完（约2 min）。

（12）检查评估患者颈动脉可触及搏动、自主呼吸、面色红润、四肢自主活动，则心肺复苏成功。

（13）成人高质量CPR的注意事项如下。

施救者应该	施救者不应该
以100～120次/min的速率实施胸外按压	以少于100次/min或大于120次/min的速率按压
按压深度至少达到5 cm	按压深度小于5 cm或大于6 cm
每次按压后让胸部完全回弹	在按压间隙依靠着患者胸部
尽可能减少按压中的停顿	按压中断时间大于10 s
给予患者足够的通气（30次按压后2次人工呼吸，每次呼吸超过1 s，每次须使胸部隆起）	给予过量通气（即呼吸次数太多，或呼吸用力过度）

5. 搬运护送

（1）合适的体位。一般采取平卧位；在昏迷时，如头一侧有脑脊液耳漏、鼻漏，头部应抬高30°；呼吸困难者半坐位。

（2）正确的方法。肋骨骨折不要用背负法；疑似骨盆折、脊柱骨折应多人搬运。

（3）用担架搬运时，伤病员的头在后，救护人员应步调一致。

（4）向高处抬时，前面担架放低，后面抬高，保持水平状态；向低处抬则相反。

（5）可用凳子、硬木板、衣服、被单制成简易担架（图 5-32），如脊椎受伤，不能使用软质担架。

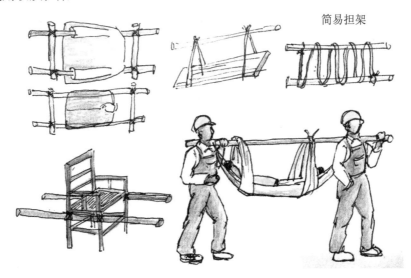

图 5-32　简易担架

6. 急救时可以利用的日常用品

（1）饮料

在处理需要降低伤者体温却未能找到清凉的流水时，在寻找水源的过程中，可用软饮料、牛奶等液体对伤者体表进行降温。

（2）保鲜膜

可作为烫伤/烧伤（降温后）和腹部内脏脱出包裹用的理想敷料，因为它不会与创面粘连，还能保持创面的清洁。同时，其具有透明的属性，可便于持续观察伤部而无须揭开敷料。

（3）银行卡

蜜蜂蛰人后，蛰针基本会留在皮肤上，可以用银行卡边缘将蛰针刮出来，银行卡处理蛰针比用镊子处理效果好，有些蛰针带有毒囊，镊子可能会夹破毒囊，使毒液注入皮肤。

（4）袋装冷冻豌豆粒和其他小颗粒冷冻食品

用毛巾或干布包裹后可用于患处冰敷，可揉捏改变豌豆包的形状以适应不同需要冰敷的部位。

（5）毛巾

可用于出血创口的按压，以减缓出血或止血，在救护扭伤、拉伤、碰触伤者时，可用毛巾包裹冰块或冷冻食品，对伤处进行冷敷。

（6）书本

可用于骨折部位的固定。

参考文献

[1] [英国]埃德·道格拉斯，凯特·道格拉斯著. DK 野营手册[M]. 孟艳梅译. 北京：旅游教育出版社，2015：30-90.

[2] AQ 2004—2005，地质勘探安全规程[S]. 北京：煤炭工业出版社，2005.

[3] 艾怀森. 常见毒蛇的野外鉴别与蛇伤急救[J]. 云南林业，1999，20（4）：22-23.

[4] 陈奕杰，张志明，曹志杰，等. 基于 myRIO 的水质监测无人船平台快速设计[J]. 国外电子测量技术，2019，2：109-113.

[5] 陈日东，林什全. 野外调查工具与安全（高等职业院校"十三五"规划教材）[M]. 北京：中国林业出版社，2017：20-65.

[6] 陈兵，张燕. 基于 GPS 导航手机的 Google_Earth 在野外地质勘察中的导航定位应用[J]. 内蒙古石油化工，2013，14：39-40.

[7] 范明娜，惠前前，黄雯，等. 毒蛇咬伤的预防及院前急救调查与分析[J]. 蛇志，2012, 24（3）：256-257.

[8] 冯双喜. 环境监测现场采样的质控方法分析与研究[J]. 科技创新导报，2018，3：86-88.

[9] 甘露. 浅谈环境监测与环境影响评价的关系[J]. 中国非金属矿工业导刊，2018，3：51-53.

[10] 瀚鼎文化工作室. 百科图解野外求生技巧[M]. 北京：航空工业出版社，2014：145-180.

[11] 侯姝林. 蜂蜇伤患者的急救及护理[J]. 临床监护，2015，72（15）：234.

[12] 胡冠九，陈素兰，王光. 中国土壤环境监测方法现状、问题及建议[J]. 中国环境监测，2018，34（2）：10-19，464-462.

[13] 胡勤芳，张建军. 野外地勘人员中暑的急救及预防[J]. 工业安全与防尘，1989，7：27-28.

[14] 华地同创（北京）科技发展有限公司. 野外地质勘查安全生产实务指南[M]. 北京：地质出版社，2016：15-39.

[15] 黄贝. 奥维互动地图在云南省森林资源二类调查中的应用[J]. 林业建设，2015（2）：4-6.

[16] 黄志勤. 试述基层环境监测站环境监测人员应具备的基本素质[J]. 江西化工，2017，2：144-145.

[17] 贾香，谢振键，朱乐杰，等. 野外环境监测的安全问题与预防措施[J]. 安全与环境工程，2012，19（3）：67-69.

[18] 教你野外攀登的种类和技巧[EB/OL].

[19] 李春亮，张炜. 奥维互动地图在土地质量地球化学调查中的应用[J]. 甘肃科技，2017（4）：14-15.

[20] 李光珍，刘艳. 蜂蜇伤致过敏性休克的院前急救及护理[J]. 全科护理，2013，11（4）：1117-1118.

[21] 李浩友. 毒蛇，毒蜂，蜈蚣咬伤早期治疗[J]. 基层医学论坛，2004，8（2）：189-190.

[22] 李相如，鹿志海. 户外露营指南[M]. 北京：金盾出版社，2014：15-70.

[23] 李海斌，陈田庆. 奥维地图在土地整治项目野外踏勘中的应用[J]. 农业与技术，2018，16（38）：246-247.

[24] 梁醒财，侯清柏，谢立璟，等. 中国有毒动物的现状与研究[C]. 第八届亚太医学毒理学大会暨全国中毒控制与救治论坛（2009）论文.

[25] 刘峰. 环境监测中废气污染源监测的安全问题浅论[J]. 浙江冶金，2018，1：6-7.

[26] 刘文丽. 浅谈山西省生态环境监测发展趋势[J]. 山西科技，2018，33（5）：116-118.

[27] 刘健，汪一凡，林钟扬，等. 奥维互动地图助力野外土壤采样及质量监控[J]. 浙江国土资源，2018，182（6）：48-49.

[28] 刘晓武. 浅谈环境监测在环境保护中的作用与应用[J]. 科学技术创新，2018，25：50-51.

[29] 陆东林，张丹凤，马德英，等. 穴居狼蛛生活习性之初步观察[J]. 新疆农业科学，2003，40（4）：193-199.

[30] 马行阳. 基于北斗 BDS 和 Android 平台的地质勘查安全监控系统[J]. 新疆有色金属，2018，2：18-19.

[31] 农肖肖. 基于北斗卫星导航系统的野外地质调查应急救援系统的设计与实现[J]. 地矿测绘，2015，31（4）：7-10.

[32] 覃卫坚，寿绍文，王咏青，等. 广西雷暴分布特征及灾害成因分析[J]. 自然灾害学报，2009，18（2）：131-138.

[33] 上海市红十字会. 现场初级救护手册[M]. 上海：上海交通大学出版社，2018：1-166.

[34] 顺德红十字会. 外伤急救四项技术（包扎、开放性伤口处理） [EB/OL].

[35] 孙鲁挺. 浅析野外地勘安全防范的关键环节[J]. 新疆有色金属，2017，5：84-86.

[36] 孙思源. 手机导航在油田测井井位定位中的应用[J]. 石油管材与应用，2018，4（3）：79-81.

[37] 伍宏远，陈林杰，赵汉翔，等. 奥维互动地图在土壤地球化学调查中的应用[J]. 绿色科技，2018，16：237-238，247.

[38] 谢华，肖敏. 群蜂蜇伤治疗临床研究进展[J]. 临床急诊杂志，2014，15（7）：445-446.

[39] 谢勤丽，王灿，李涛. 重庆地区蛇咬伤后急救处理[J]. 创伤外科杂志，2015，17（3）：236-239.

[40] 谢晓英. 浅谈加强基层环境监测技术人员能力培养[J]. 绿色科技，2018，2：109-110.

[41] 休·麦克曼纳斯（Hugh McManners）. DK 野外求生百科（第二版）[M]. 辛彩娜，张启鹏，于军琴译. 北京：电子工业出版社，2015：20-60.

[42] 许鹏，韩万春. 野外环境监测的安全与防护浅析[J]. 科技世界，2018，3：216-217.

[43] 阳文胜. 定向运动与野外生存训练[M]. 长沙：湖南师范大学出版社，2007：161-169.

[44] 杨鼎成，刘伟东，肖霖，等. 基于无人机的区域环境监测物联网系统[J]. 工程建设与设计，2018，1：19-23.

[45] 于学忠. 创伤止血方法[EB/OL].

[46] 约瑟夫·奥尔顿（Joseph Alton），艾米·奥尔顿（Amy Alton）. 户外生存急救手册（第二版）[M]. 马华崇译. 北京：人民邮电出版社，2015：4-55.

[47] 岳杰. 浅谈几种野外急救的方法[J]. 基层医学论坛，2012，16（10）：1319-1320.

[48] 岳忠坡，王庆春，任鹏飞. 新型野外生存防护装备[J]. 国个体防护装备，2003，3：43-44.

[49] 野外山地徒步有哪些技巧[EB/OL].

[50] 张爱华，吴燕娟，许芳. 25 例野外训练所致的劳力热射病的院前急救[J]. 中国临床神经外科杂志，2014，19（7）：437-439.

[51] 张萌. 土壤环境质量监测的现状及发展趋势[C]. 2017 年全国环境资源法学研讨会论文集，河北保定，2017：462-464.

[52] 张欣，徐洁，张丽. 环境分析与监测[M]. 北京：化学工业出版社，2018：2743-2852.

[53] 张永靖，尹长民. 中国红螯蛛属两新种及两种雄蛛新发现[J]. 动物分类学报，1999，24（3）：285-289.

[54] 张幽鸣. 蜈蚣咬伤 126 例急诊护理干预[J]. 齐鲁护理杂志，2015，21（5）：71-73.

[55] 张育艳，单明斌，赵艳荣. 环境污染事故处置中水质应急监测方法研究[J]. 珠江水运，2018，

12：101-102.

[56] 章亚麟. 环境水质监测质量保证手册[M]. 北京：化学工业出版社，2010.

[57] 赵永红，王俊生，凹金华. 毒蜘蛛蜇伤的急救与护理[J]. 当代护士，2005，10：60-61.

[58] 郑秋花，杨春蕾，张先波. 浅谈生态环境监测质量现场采样的质量保证和质量控制[J]. 分析仪器，2018，6：161-164.

[59] 曾令锋. 广西泥石流成因和特点及其防治对策的探讨[J]. 水土保持通报，1993，13（2）：23-27.

[60] 中国红十字会. 急救掌上学堂[EB/OL].

[61] 钟晓. 森林火灾中的逃生法[J]. 中国消防，2013，9：51.

[62] 周就猫，党迎春. 无人机航测技术及其在土地整治项目中的应用探讨[J]. 工程建设与设计，2018，18：278-280.

[63] 周书祥，吉正元，刘绍俊，等. 环境监测现场采样的影响因素及细节问题[J]. 绿色科技，2019，4：46-47.

[64] 周颖颖，陈奕宁，张一李，等. 功能型睡袋服装的开发与设计[J]. 纺织科技进展，2018，7：15-20.